城乡规划快速设计

主　编　熊英伟　杨　剑　郭　英

东南大学出版社
·南京·

内 容 提 要

本书分为五个章节，第一章介绍了城乡规划快速设计的概念、基本类型、内容表达以及常见问题等；第二章讲解了快速设计常用工具、图面表现及设计程序；第三章储备快速设计所需基本素材；第四章从国家现行规范出发，阐述了快速设计中需要注意的相关规范与规定；第五章列出快题设计中的居住区、中心区、旧城更新、村庄建设、创业园区、校园等六个专题，每个专题选取风格各异的优秀快题作品，并对其进行细致分析和点评。

本书可作为城乡规划、风景园林、建筑学等专业的教学用书，也可作为城乡规划专业师生的辅助读物，同时可供相关专业在职培训人员参考。

图书在版编目（CIP）数据

城乡规划快速设计 / 熊英伟，杨剑，郭英主编. —
南京：东南大学出版社，2017.8
ISBN 978-7-5641-7214-5

Ⅰ.①城… Ⅱ.①熊… ②杨… ③郭… Ⅲ.①城乡规划—设计 Ⅳ.①TU984

中国版本图书馆 CIP 数据核字(2017)第 136910 号

城乡规划快速设计

出版发行：东南大学出版社
社　　址：南京市四牌楼 2 号　邮编：210096
出 版 人：江建中
责任编辑：朱震霞
网　　址：http://www.seupress.com
电子邮箱：press@seupress.com
经　　销：全国各地新华书店
印　　刷：南京新世纪联盟印务有限公司
开　　本：787mm×1092mm　1/16
印　　张：10
字　　数：260 千字
版　　次：2017 年 8 月第 1 版
印　　次：2017 年 8 月第 1 次印刷
书　　号：ISBN 978-7-5641-7214-5
定　　价：55.00 元

编写人员名单

主　　编：熊英伟　杨　剑　郭　英

参编人员：崔勇彬　杜青峰　何云晓

刘姝然　刘星彤　彭德娴

汪用梅　王劲松　王琳琳

巫新洁　杨子宜　曾晓燕

张雪莲　钟锐锋　周子华

前　言

随着“新型城镇化”、建设“美丽中国、美丽乡村”理念的提出与实践，城乡规划学科顺应时代发展作出了相应改变，城乡规划专业人才的培养方式也发生了一定的变化。本书以提高读者徒手规划设计、解决实际问题的能力为指导，旨在培养城乡规划专业性人才，增强现今城乡规划专业人员在规划法律法规及乡村建设规划方面的认识和才能。

本书共分为五个章节，分别对城乡规划设计知识体系进行高度概括和提取，总结了设计要素、基本方法、最新规范和标准，同时通过对不同类型规划快速设计实例的评价和解析，使读者在吸取不同设计方案精华之处的同时，也对规划快速设计中容易出现的问题有一个全面深刻的认识。需强调的是，本书着重于将城乡规划最新规范和标准融入规划设计，使规划设计更具合理性；乡村规划作为一个新鲜的事物正在快速发展、完善，乡村规划快题设计也必将越来越受重视，因此，本书在传统快题专题的基础上增加了村庄规划专题的篇幅。

本书由熊英伟、杨剑、郭英担任主编，参编人员有杨剑和郭英（第一章）、巫新洁和彭德娴（第二章）、王琳琳和周子华（第三章）、刘星彤和张雪莲（第四章）、熊英伟（第五章），参与编写的还有何云晓、钟锐锋、杨子宜、崔勇彬、刘姝然。本书插图、电子文档的整理由汪用梅、曾晓燕、杜青峰、王劲松完成。

此外，感谢西安建筑科技大学建筑学院、云南大学滇池学院、绵阳上战手绘的大力支持，为本书的编写提供了许多优秀快题作品。

鉴于编者水平有限，书中不妥之处在所难免，敬请广大读者批评指正。

编　者

目 录

1 概述

1.1 快速设计的基本认识

1.1.1 概念及特点

1.1.1.1 快速设计概念

城乡规划快速设计是面对一个相对完整的规划地段，要求设计者在较短的时间内，快速解读题目和任务要求，明确设计目标和概念，完成设计构思和空间方案，并通过简明直观的分析图解和准确有效的图纸表现、传达设计构思(图 1-1)。

在快速设计的题目中，用地区域的内外条件以及设计要求一般会被精简，设计者需在规定的时间内(一般为 3 小时或者 6 小时)，根据给定的设计任务书快速形成构思，并且根据任务书的设计要求、设计深度，完成快速设计图纸，表达出自己的设计意图，其目的是为了考查设计者在有限的时间内综合运用各类知识解决城乡规划设计问题的能力。

快题考试设计任务书一般借用真实项目改造而来。如：某一年，某大学考题“上海船厂地区城市更新概念设计”是对具有 130 余年历史的上海船厂基地的更新设计。考题中上海船厂真实存在，2005 年，船厂搬离浦东后，在船厂旧址基础上建成陆家嘴滨江金融城，原先万吨轮下水的“船台”则被保留下来。在这个由实际项目地形演变改造而来的考题中，规划设计条件特别要求保留并积极利用向江倾斜的船台。

1.1.1.2 主要特点

快速设计的主要特点是快速性、综合性、创造性。

快速性指在有限的时间内完成基本方案的构思和表达，并不要求面面俱到，而是要求设计者有足够的知识储备与表达技巧，能够用简单的作图工具有条不紊地在短时间内完成设计任务。

综合性是指设计者除了应具备基本的规划理论知识外，还需要对建筑、道路交通、景观等不同学科的内容有一定认识，甚至涉及城乡的社会、历史、经济等多方面的内容。因此，具备广泛的知识面和完善的知识结构体系是一个很重要的条件。

创造性是指在进行城乡规划快速设计时，除了根据最新规范和标准进行设计外，规划方案还需要有一定的想法和创意，体现在功能的组织、空间的处理、绿化景观的设计等方面。

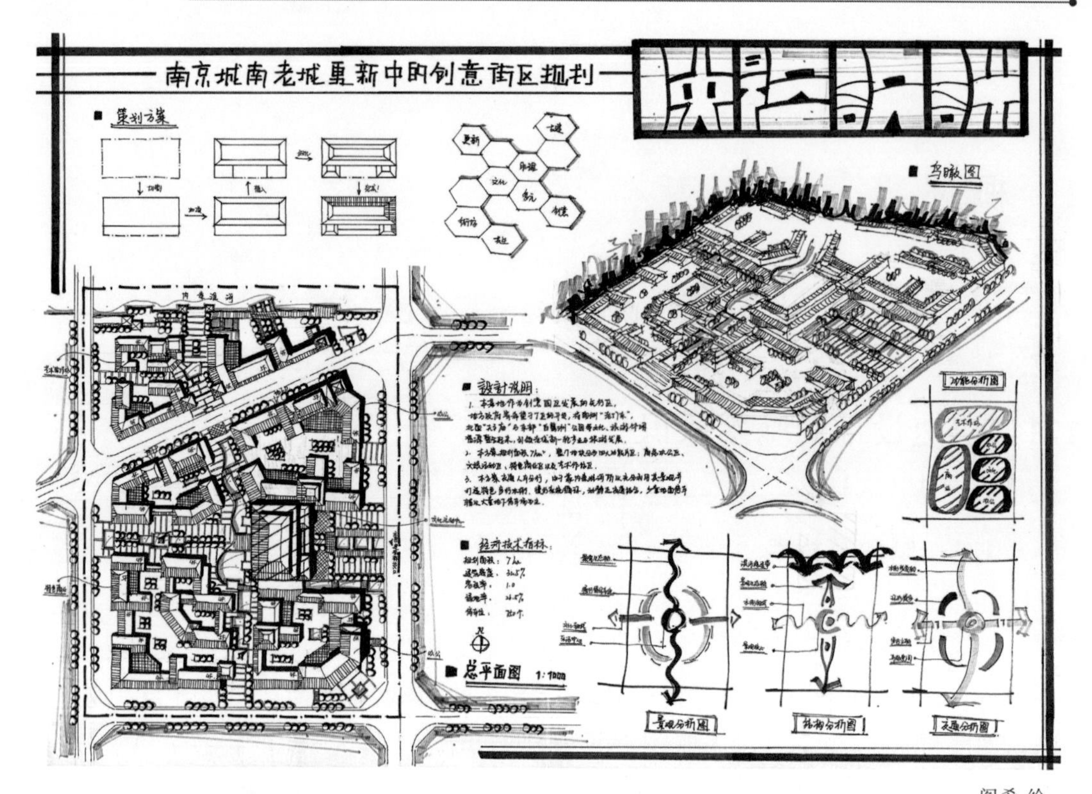

阎希 绘

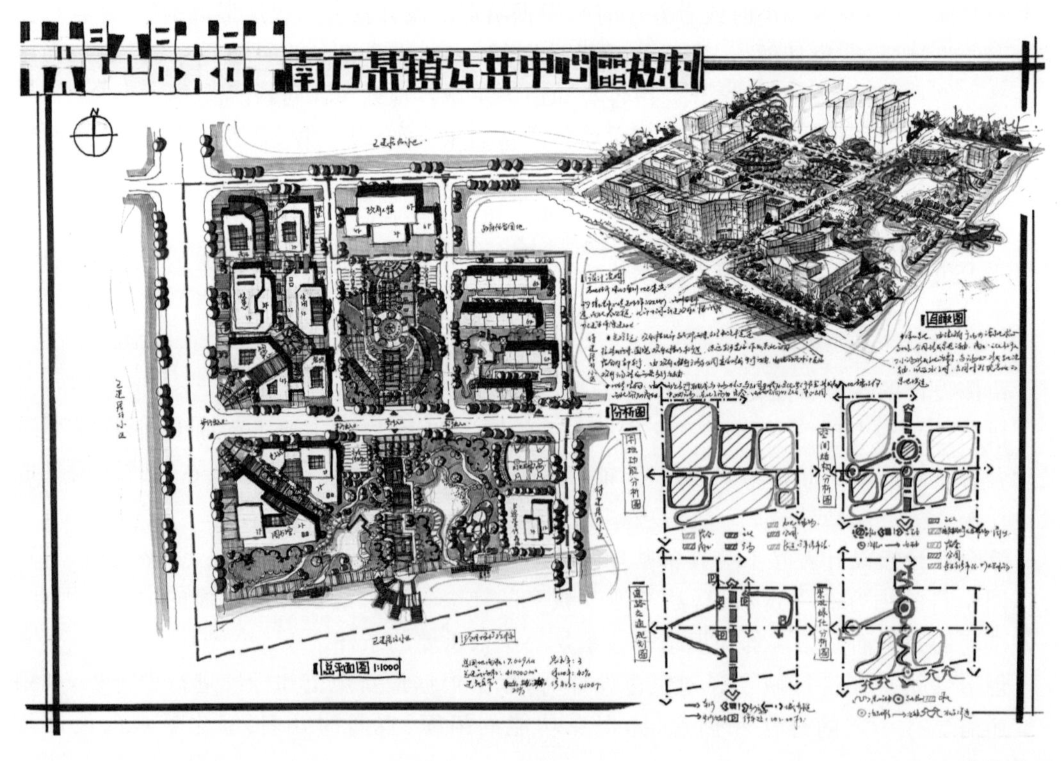

陈静 绘

图 1-1　快题设计示例

1.1.2 学习阶段和方法

1.1.2.1 学习阶段

第一阶段，完善城乡规划快速设计的理论知识，如各种类型建筑设计的要点、交通道路的设计要点、常见的规划类型设计要点等。在练习快速设计时，需要先系统地复习这些专业知识，熟悉各类规范与标准，记忆常用数据。

第二阶段，掌握各种图的画法，如总平面图、分析图、鸟瞰图等，不断地模仿、创造。研究各种类型快速设计的优秀案例，分析它们的功能布局、空间结构、交通组织等存在的优点，从而大量地模仿与创新。

第三阶段，需要按照考试要求，进行实战训练，不断地总结，从中发现存在的问题，查漏补缺，以便更有针对性地进行训练。

对考生而言，学习过程中需要尽可能多地收集报考院校的历年真题，分析报考院校真题的题型、设计面积、设计要求等内容，加强对近年真题的练习，制定合理的时间表。能否在规定时间内很好地呈现规划设计成果，是对考生专业知识、手绘能力、耐力的综合考查，所以在备考过程中，要学会保持平稳的心态，一步步完成每个阶段的目标。

1.1.2.2 具体方法

(1) 多积累素材、多练习线条

在进行快速设计前一般要先做一些基础准备工作，例如：每天练习 A4 纸排线一页，使线条流畅；多积累一些不同功能的建筑平面造型，避免画图时想不出建筑造型；精读一本快题参考书，尤其是老师讲评部分，了解什么是主要的，什么是需要加强的；抄 10～20 张方案图，两天一张，记忆图中的方案模式(路网＋空间组织＋建筑)和表现形式。一定要多练，多做方案比较。

(2) 练习不同类型的快题

练习是熟练的基础，规划快题练习要有一定的深度和广度，要练习不同类型的快题，避免出现考场上遇到某一类型的题非常陌生，无所适从的情况。此外，考生还应对每种类型的快题进行大量练习，对不同类型的快题做全方位的把握，努力使知识点融会贯通，灵活运用。

(3) 定期练习，保证效率和质量

考生平时应多做一些快题练习，避免“三天不练手生”的情况出现。每周至少练习一张快题，但不能盲目地进行练习，要有针对性，要从自己的薄弱环节入手，多做训练，同时练习之后要认真总结，对不理解的知识一定要听取老师的指导，保证快题练习的效率和质量。

(4) 多看、多学优秀方案

除了平时大量的快题练习外，考生还应多看一些优秀方案，多从优秀方案里找出其中的闪光点、成功点，多向优秀方案学习，汲取其中的养分，同时还要融会贯通，学会通过自己的理解将优秀方案里的闪光点灵活地运用到自己的快题设计中，使自己的方案更具吸引力。当然，一套优秀的快题也绝不是简单地记忆几个优秀案例就可以实现的，但是多看、多学、多想、多练肯定会形成好的效果。

(5) 提高自己的表达能力，确定风格，争取高分

在快题设计中，方案表达的重要性是不言而喻的，一个好的方案表达能为快题设计增色不

少。平面图中线条的绘制、建筑投影的表现、空间变化的虚实处理、植物的配置、色彩的搭配以及图面的排版等都是方案表达的内容，考生除了大量的练习外还要提高自己在这些方面的表达能力，形成自己的一套配色体系、快题设计风格，为自己的快题设计争取高分。

1.1.3 主要应用

规划方案草图：时间充裕，表现要求低，仅需准确表达设计意图，方便修改，但方案准确性较弱。

设计院入院考核：对方案要求高，对表达要求相对较低，但不同设计院要求不同。

研究生入学考试：方案与表达并重，各学校之间要求与表达方式差异较大。除部分学校规划专业不测试快速设计以外，大多数学校规划专业都会进行快速设计考试。

1.1.4 设计内容

1.1.4.1 内外联系

规划设计应根据规划地块所在地理区位、周边地段的功能性质、道路交通（主、次干道）、景观视线等，确定规划地块与周边环境的关系。

方案设计需分析规划区域场地特征、内容构成，确定主要的功能单元之间的相互关系，建立整体的空间架构，明确核心空间。规划结构应充分反映地段的场地特征和功能性质，做到合理布局、架构完整、层次清晰和特征显著。

1.1.4.2 系统设计

建筑群体：依据规划结构进行建筑群体规划设计，明确建筑群体空间的基本格局和空间秩序，区分不同建筑的布局特征和形态尺度，突出重点建筑，注意实体建筑轮廓所形成的外部空间形态(图 1-2)。

道路系统：根据地段规模、周边交通条件以及方案构思拟定各级道路的布局、走向、宽度和横断面形式，确定停车场的分布、规模、数量以及车辆停放方式，合理安排各层级道路的出入口位置，综合考虑地段步行系统的设计。

绿化景观：确定各级公共开放空间、重要节点的布置位置和形式及绿地的规模，针对不同性质、等级的开放空间，采用适宜的形式和表达方式。

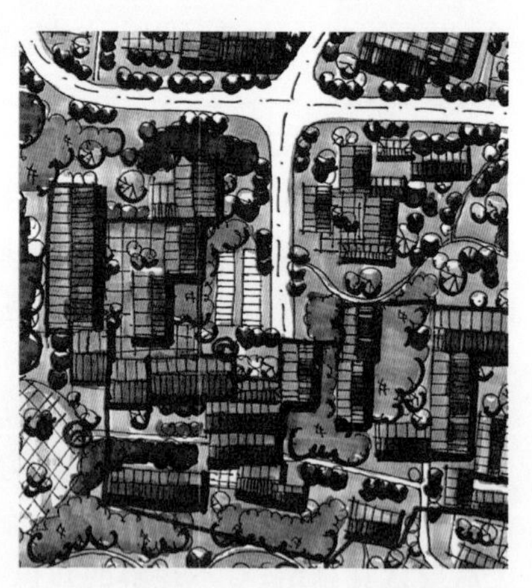

陈静 绘

图 1-2 建筑群体表现

1.1.5 考研快题经验

学生 1：王益　考研时间：2015 年

对于规划专业考研快题，我想从以下几个方面谈谈应对的经验。

一是快题的类型和特点。规划专业考研快题一般有中心区规划、小区规划、校园规划、工厂规划、旧城更新改造等类型。中心区的规划设计，功能多样，涉及内容广泛，包括商业、办公、居住、休闲、娱乐等。小区规划是规划快题中最基本的一种类型，功能主要以居住为主，同时需要配套商业、休闲、娱乐等设施，现在提出的开放式街区需引起高度重视。我个人认为校园规划和工厂规划是相对较简单的规划类型，涉及的功能都有一定的规定，但因其功能结构较简单，设计出优秀的作品也是有一定难度的。旧城更新改造是比较难的一种快题类型，需要考虑的因素多，如历史街区更新改造，需要综合考虑其历史文化背景、基地周边因素、人文地理环境、社会经济活动等，在规划设计时应注意空间布局、功能分区、街区活力的营造、空间意向设计、各项基础设施和公共设施的建设等。当然，各种类型的规划设计都需进行各方面的综合思考。

二是画快题的步骤和时间安排。第一步是审题，这一步至关重要，这关系到整个方案的布局，审题需要抓住题目信息，确保每个条件都在方案中体现出来。第二步是方案构思，根据题目，抓住每个要求点，结合自身的思路，进行方案设计。审题和方案构思一般需要40～60 分钟。第三步是画线稿，个人习惯将平面图和鸟瞰图都完成后，再同时上色，这样比较节约时间，一般要 3～4 个小时。第四步是上色，一般需要 40～60 分钟。第四步是画分析图和写设计说明，分析图根据要求一般画 3～4 个，设计说明包括设计的整体思路和经济技术指标，一般要 20～30 分钟。最后一步是整体检查，最好留 5～10 分钟，主要检查是否有遗漏的标注等。还应注意，快题考试时间一般是 6 个小时；如果是 3 个小时的快题，需要平时多训练，确保能合理地分配时间。

三是成果表达。准备考研快题，需要练习各种快题类型，并对各种类型快题进行不同的色调搭配，选择自己最能表达出效果的色系。同时，选择适合自己的纸张颜色。在平时的练习中，主要对自己拿手的配色方案进行训练。这样，在最终的考试中，可以省去配色的时间，而且能有不错的表达效果。

总之，考研快题没有想象中的那么难，但也不能掉以轻心，只要好好准备，做到功能布局合理、结构清晰、图面表达效果好、不犯原则上的错误，还是能有一个比较不错的成绩。

学生 2：丁雪莹　考研时间：2015 年

第一个阶段，是前期准备阶段：4 月～6 月

在这个阶段，一是应当全力加强墨线练习。如果不熟悉马克笔，也不必焦急地开始训练，因为马克笔和墨线笔在“手感”上是相似的，有别于水彩渲染的感觉。而且马克笔根本不是什么高端的工具，尤其在考研快题里。墨线练习利用每天的边角料时间进行就可以，不一定要郑重其事地专门安排时间。可以利用放松休息的时间，顺便进行墨线练习。练墨线时建议练以下徒手表达内容：排线、网格（广场地砖）、圆形（平面树）阵列、矩形（建筑物）阵列、云线（树丛）等。这些都像是一年级的基本功训练，会比较枯燥，但是手绘水平的提升靠的就是重复练习，坚持一段时间的重复练习之后进步会是明显的；反过来说，没有坚持就没有进步。

二是收集并熟记规划设计的规范和各类建筑总平面设计的常识等。如果能组织一群研友，分头收集、合并共享，可省时省力，不过独立去收集也是力所能及的。网络上其实也有人做过规划快题常用规范的收集，但存在缺失重点内容同时有多余冗杂内容的情况，我们可以在他人成果的基础上，自己继续完善。这个工作必须要做，提早做好，也并不浪费，哪怕是做课程设计和就业，这些也是要熟记在心的基本常识。

三是要认真做好城市设计的课程作业，在这个过程中应逐步建立对功能分区、交通组织、空间设计等的认识，在景观设计方面也可以给自己积累一些程式化的手法。

四是开始购置和阅读一些城乡规划快题的教材。在市面上得到认可的书，一定会有诸多有益的信息补充给我们；同时，这些书也是学生快题范例和反例的主要来源。鉴赏力也是设计能力的重要部分，如果你某天起能够比较中肯地评判你看到的图纸的优劣之处，看到可以学习和改进的地方，你自己制图的水平必然也提升了。提高这种能力的必要条件，就是看过足够多的图。

第二个阶段，是专项训练阶段：7 月～9 月

如果经历了准备阶段，包括暑假的集训阶段，到此时，基础练习也该驾轻就熟了。此时的主要任务转入对快题范图的反复临摹。这里重申一条要领：大量重复的练习是进步的有效途径，它的效果比朝三暮四的练习方式显著得多。在这个阶段，你要找到一至两份范图，比如一份抽象色板的范图、一份写实色板的范图，然后反复临摹。临摹的时间需要进行控制，比如总平面和效果图加起来，最初不应超过 5 小时，而到最后应压缩到 3～4 小时，不太建议选择只有总平面图的临摹对象。这个过程中，你将越来越熟悉这份图，并开始按照你的理解和个性去改造和发展它的作图手法，然后构筑出属于自己的作图风格和套路。每周一次左右的临摹练习已经足以让你的手绘能力大幅提升。

同时，这个阶段应着手做真题，做到总平面墨线与阴影完成即可停止，但指北针、比例尺、层数、红线、名称标注等都要完整。时间根据能力控制，比如控制在 3.5 小时左右；每次做完，要有交流和总结。研友可以定期组织交流，集思广益，每周一次左右就可以。连续 6 小时的快题训练是非常消耗体力的，每练习一次，当天甚至次日的身体、精神状态都会大打折扣。通过以上方法把设计和制图分离练习，训练强度不算太大，但对于下一阶段开展完整练习起到一个准备作用。

第三个阶段，是完整练习阶段：从 10 月中旬开始，最迟到 11 月底

做完绝大部分的真题，可以保留 1～2 份在考前进行模拟练习。遇到明显做得不好的，可以重新做。为了不影响其他科目的复习，可以不用连续 6 小时做完，但是总时间必须有所控制。频率每周 1～2 次。这个过程中，要始终贯彻并发展相同的一套作图套路，确定自己是抽象色板还是写实色板，确定树木、铺地、草地、水面的画法。如果能够熟练掌握一套快题的作图方式就足够了。常见的问题无非两种：一是在考场上临时在作图方面做出草率决定，二是由始至终都在使用幼稚的作图方式却不自知。

快题属于运动型的技能，一旦练成，短期停止练习，技能也不会退步。所以临近考试的 12 月份，必须留给其余三门需要大量重复记忆的科目。到 12 月，相信之前的训练也已经有了显著成效，只需要在本月份的适当时间体验 1～2 次模拟，即可结束快题的备考。

1.2 快速设计的常见类型

1.2.1 从规划层次角度

从规划层次角度来说，城乡规划包括城镇体系规划、城市总体规划、详细规划、镇规划、

村规划，详细规划又可分为控制性详细规划和修建性详细规划(图 1-3)。

控制性详细规划的重点是解决规划区域内建筑高度、密度、容积率等技术指标的平衡问题。修建性详细规划和城市设计是快题考试常选择的类型，都是侧重于建筑群体的空间格局、开放空间和环境的设计，着眼于城镇建筑环境中的空间组织和优化，考查规划设计者的基本功和专业素养(图 1-4)。

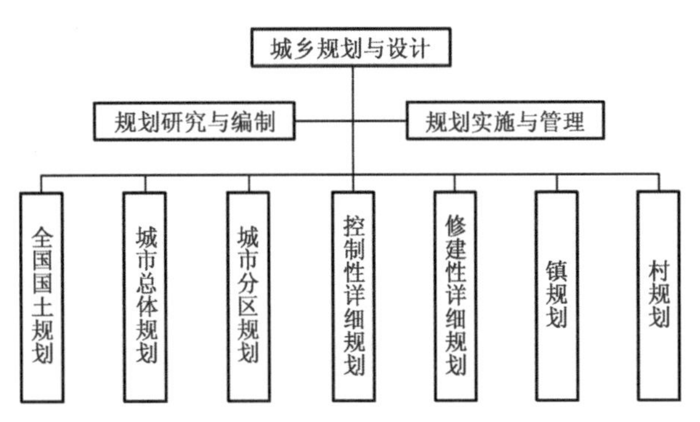

图 1-3 规划层次结构图

(引自《城乡规划法》)

蔡雪艳 绘

图 1-4 城市设计示例

1.2.2 从规划类型角度

从规划类型角度来说，规划快速设计常考题型有：居住区规划、城市重点地段规划、校园规划；其他考试题型还包括：工业园区规划、生态度假区规划、景观广场规划、村庄规划等。

1.2.2.1 居住区规划设计

居住区规划设计是快速设计中最基本的类型，也是最能体现设计者空间组织能力与设计表现能力的一种规划类型。居住区泛指不同规模的居住和日常生活聚居地，具有一定的人口和用地规模，按其规模大小可分为：居住区、居住小区、居住组团。考题中常见居住区规模为 10～50 hm^2(图 1-5)。

居住区规划设计考点包括：对居住区空间结构的设计；对居住区内外交通流线的设计；对住宅户型的选择；住宅布局是否满足日照、通风等要求；公共建筑的配置规模是否符合规范要求；居住区内的空间环境布局是否层次丰富、结构清晰、布置均衡等。

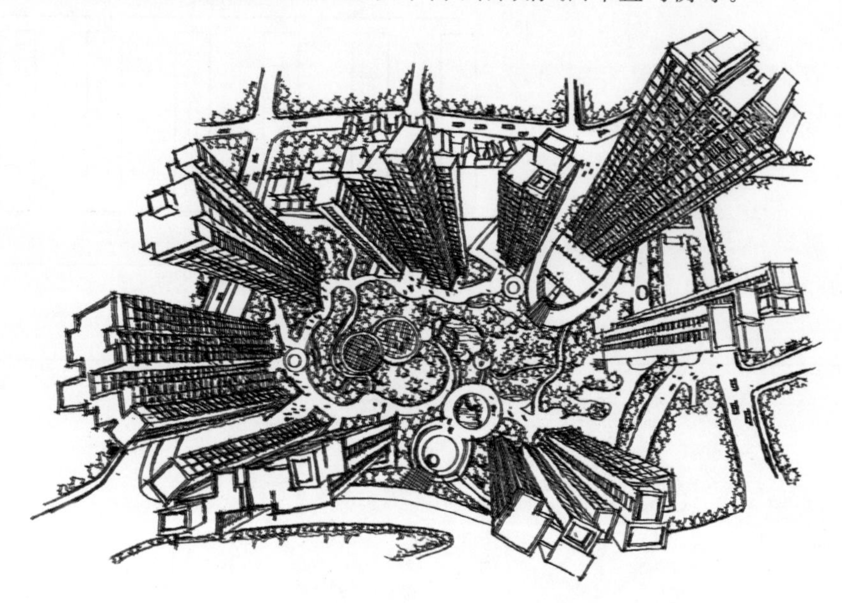

绵阳上战手绘 李万海 绘

图 1-5 居住区规划设计鸟瞰图

1.2.2.2 城市重点地段规划设计

城市重点地段规划设计也是快速设计中的常见类型(图 1-6)，它包含多种形式，比如商

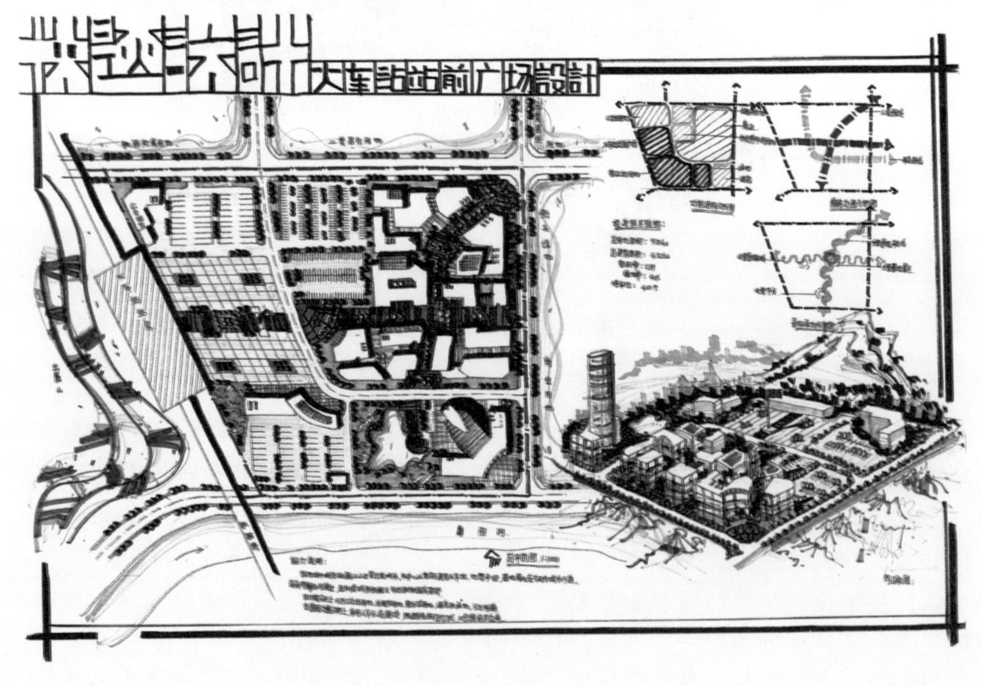

陈静 绘

图 1-6 城市重点地段规划设计

业中心设计、商务中心设计、行政中心设计、文化中心设计、滨水区设计等。城市重点地段功能区域较多，需要处理的关系相对复杂，难度较大，考题常见规模为 5～50 hm^2。

城市重点地段规划设计考点包括：处理不同功能区域之间的主次关系；设计内外呼应的公共关系；解决不同功能区域的交通关系等。

1.2.2.3 校园规划设计

校园规划包括对校园内的教育区域、生活区域、办公区域、运动区域的规划设计。其类型主要有：小学校园、中学校园、中专及高职校园、大学校园。考题中常见的小学用地规模为几公顷，中学用地规模 10 公顷左右，大学用地规模一般几十到上百公顷(图 1-7)。

校园规划设计考点包括：合理规划设计校园内的功能分区；选择不同类型的校园建筑形式；布置建筑时，考虑不同类型的日照要求、通风要求、视线干扰、防噪要求、消防要求等。

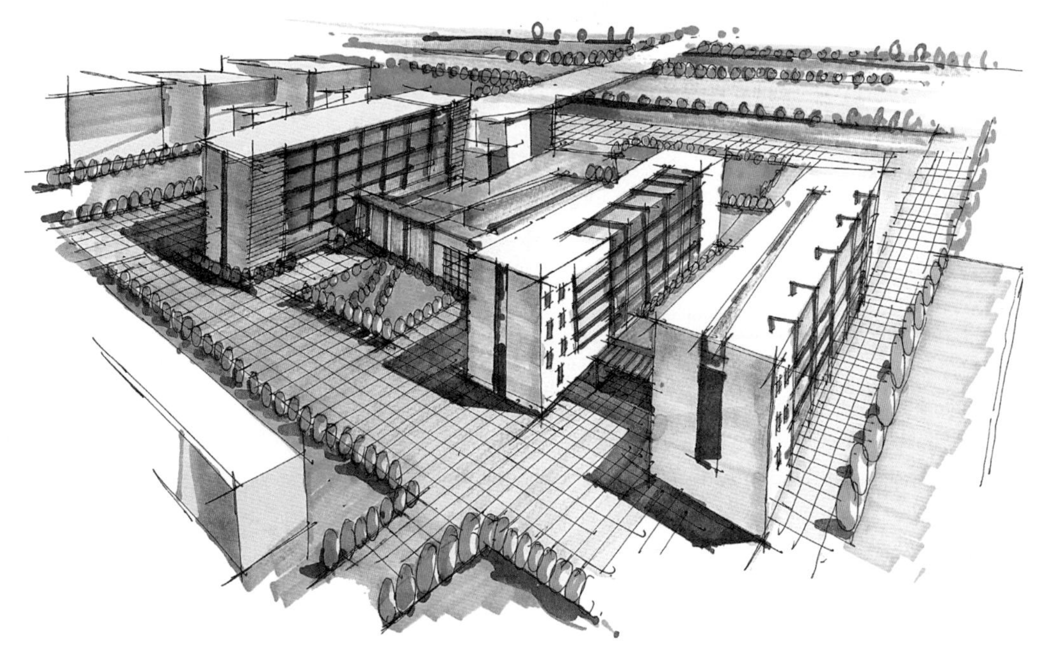

绵阳上战手绘 田苹 绘

图 1-7 校园规划设计效果图

1.2.2.4 村庄规划设计

村庄规划包括文化传承型村庄设计、生态保护型村庄设计、高效农业型村庄设计等(图 1-8)。

文化传承型村庄设计即对具有特殊人文景观(古建筑、古民居以及传统文化)的乡村的规划设计；生态保护型乡村设计是对自然条件优越，水资源和森林资源丰富，具有传统的田园风光和乡村特色的乡村的规划设计；高效农业型村庄设计是针对以发展农业作物生产为主的乡村的规划设计。不同类型的村庄规划具有不同的侧重点，如文化传承型村庄规划设计注重文化在建筑、景观中的延续；高效农业型村庄规划设计注重产业基地的分布。各类型村庄规划设计的共同点在于注重生态保护。

绵阳上战手绘 田苹 绘

图 1-8 村庄规划局部效果图

1.3 快速设计的基本原则及设计理念

1.3.1 方案设计的原则

1.3.1.1 符合规范

掌握和熟悉城乡规划行业领域的法规、规范和技术标准是开展规划设计的基本条件。在快题设计中严格遵守规范是设计者应具备的基本素养，这不仅是对条文的背诵与理解，而且需要在设计实践中将最新规范准确地反映在设计图纸上。

1.3.1.2 符合题意

设计者精准阅读和理解任务书中的主要线索，比如建筑面积、规模、功能安排等，明确考试快题的类型及考查范围，回忆此类快题设计中的侧重点和注意事项。仔细阅读任务书中给出的各项设计条件，仔细体会出题者的考查意图，抓住“主要矛盾”，有的放矢，做到无漏项、无漏写、无漏算。

1.3.1.3 基本合理

好的快速设计不仅要做到方案没有明显的功能布局错误，突出方案的独特性和创新性，还需要注意设计的合理性、逻辑性和整体性。设计立意要清晰，满足题目设计与技术指标要求，设计内容需符合相关的技术标准与规范，各项经济技术指标符合题意，没有明显的错误，设计方案没有明显的硬伤。

1.3.2 方案表达的原则

1.3.2.1 层次分明、表达清晰

层次分明、表达清晰的平面图、鸟瞰图和分析图能使设计构思得到充分展现；而有自己独特之处的表现形式，也能够增加方案对读者的吸引力，如娴熟的徒手线条、建筑形体表达、深入的鸟瞰图等。

1.3.2.2 完整性原则

完整的快速设计图纸一般应包含平面图、鸟瞰图、设计分析、设计说明及经济技术指标，同时根据任务书要求及设计表达需要，还需绘制局部透视图、户型图等，图纸上还应标明指北针、比例尺等。图幅要完整，要有题目要求的各项内容，不缺图、少图。

1.3.2.3 美观性原则

在方案设计合理的基础上追求图幅的美观，可使设计者的方案上升一个层次，比如整个图幅的布局、重要景观节点的绘制、色彩及笔触的表现等。考生要运用恰当的方式，尽可能美观地表达设计构思与意图，同时要保证整个图幅干净整洁。

1.3.3 设计理念

1.3.3.1 "以人为本"理念

城乡规划不是为规划而规划，而是为居住于城市或乡村中的人能更好地生活而规划，所以在规划中一定要重视对社会文化的研究，以人为本，综合考虑人的需求和行为特征，满足人们生理、安全、社会、心理和自我实现的需求。因此，创造安全、舒适、文明的生活环境，使城市和乡村环境适应人的工作、学习和生活的需要，便是"以人为本"设计理念的依据。

1.3.3.2 主题文化理念

文化是一个地域的精神与灵魂，独特的地域文化展现特有的气质，规划设计应寻求不同地区、不同层次的差异与特征，研究其特点，尊重地域文化环境和历史遗存，在设计中充分体现地区的文化内涵，延续当地特有的文化脉络，避免"千城(村)一面"和"特色危机"问题的出现。

1.3.3.3 生态理念

所谓生态理念，就是在城市和乡村的规划建设中体现人与自然相和谐、人与人相和谐的思想，按照生态学原理进行规划和建设，从而建立高效、和谐、健康、可持续发展的人类居住环境。正如"反规划"的理念一样，任何规划都应以生态的安全性为优先考虑。在快速设计中应充分考虑地域气候、地形地貌、水文等自然要素，构建因地制宜、道法自然的空间格局，实现城乡建设与自然环境的和谐共生。生态理念在村庄规划中的运用极为重要，村庄规划不可大拆大建、不可破坏基本农田，田园风光的魅力延续主要依靠生态规划理念来实现。

1.3.3.4 绿色低碳理念

低碳设计是一种目标性的指导方式，以因地制宜的指导思想、合理的科学技术手段，在不影响社会经济、文化发展的前提下降低碳排放总量，提高人们的生活质量。规划快题中的低碳理念主要体现在功能结构的组织、街区尺度设计和道路交通组织方式上。合理的街区尺度和道路交通组织方式能够起到引导居民步行出行、减少对机动车依赖的作用，从而达到减少碳排放的效果。同时，城乡空间的有机更新相对于传统的大拆大建也是绿色低碳理念的一种诠释。

1.3.3.5 可持续发展理念

可持续发展的城市及乡村所要追求的最终目标就是社会的可持续性，而城乡社会可持续发展最终是人的全面发展，必须做好社会可持续发展的系统规划。城乡规划设计要考虑城乡建设发展（性质、规模、发展方向）与城乡的社会、经济、文化的协调，同时要考虑生态的均衡性和城乡整体的协调可持续发展。

1.4 快速设计中的常见问题

1.4.1 任务书解读问题

试题任务书由项目背景、规划条件介绍、规划设计要求、设计成果要求、规划现状地形图等构成。审题是至关重要的环节，也是很容易被忽略的环节，如有的考生采取背平面图模板的模式，匆忙地生搬硬套把平面图填满，有时所答内容并不符合题意；有的考生忽略了题目条件以至于答题偏离了设计条件及要求；有的考生审题不仔细，存在缺图少图的情况。因此，审题时不管难易与否，一定要冷静对待。审题时，文字图例要先读，要充分把握用地性质、避免设计陷阱，要分析题目所含知识点，判定设计的得分点。

1.4.2 规范性问题

考生在审题的过程中，应考虑要使用的国家现行相关规范。在画图的过程中，避免出现规范方面的失误，规范条例上的失误是严重的扣分项。道路红线宽度、回车场、消防通道的表达，居住建筑、教育建筑的日照间距等都有相关的设计规范，考生一定要严格遵守这些规范。

如：《建筑设计防火规范》（GB 50016—2014）要求消防车道的净宽度和净空高度均不应小于 4.0 m，《历史文化名城保护规划规范》（GB 50357—2005）要求历史文化街区建设控制地带内应严格控制建筑的性质、高度、体量、色彩及形式等。

1.4.3 设计深度问题

1.4.3.1 外部环境需要深入设计

方案一定要有重点，且节点不能过于呆板、简单；铺地的刻画也要有一定的深度，避免一成不变；轴线处理要细致，不能草草了事，其中景观轴线与步行轴线要深入刻画；空间上要注意处理天际线等立面表现形式（图 1-9、1-10）。

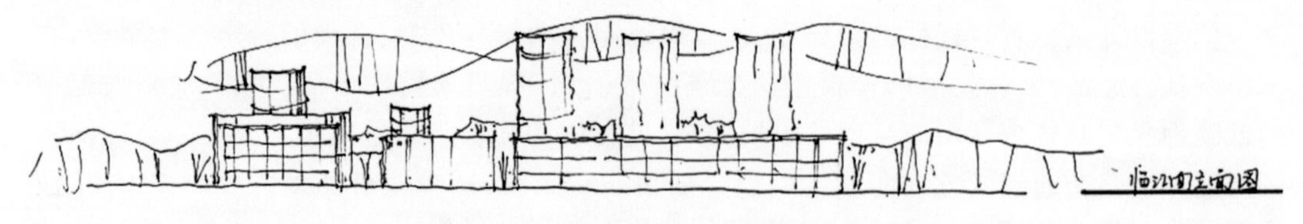

陈静 绘

图 1-9 立面表现形式 1

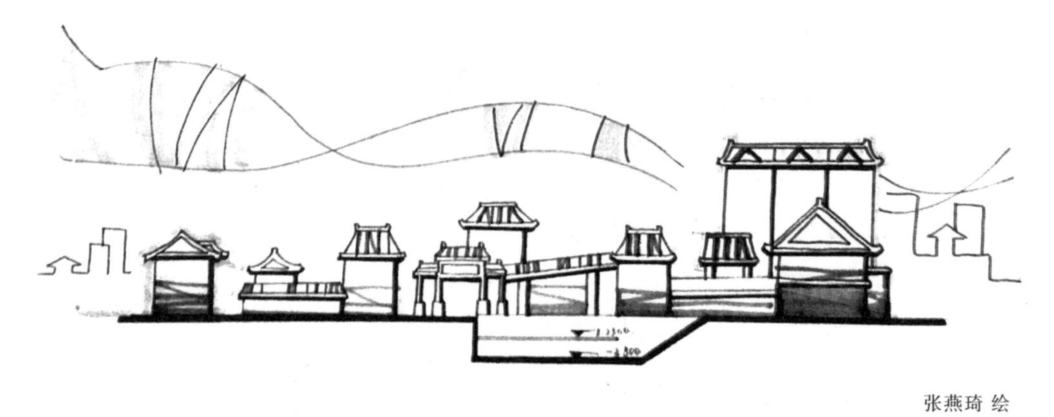

张燕琦 绘

图 1-10 立面表现形式 2

1.4.3.2 重要的建筑形体需要深入刻画

建筑形式的描绘不需要夸张另类，最好能够做到让人简单明了地区分出是什么功能的建筑(图 1-11、1-12)。对于需要重点表现的建筑或者是重点地段的建筑，要注重建筑形体的表达、建筑空间的围合(图 1-13)等。

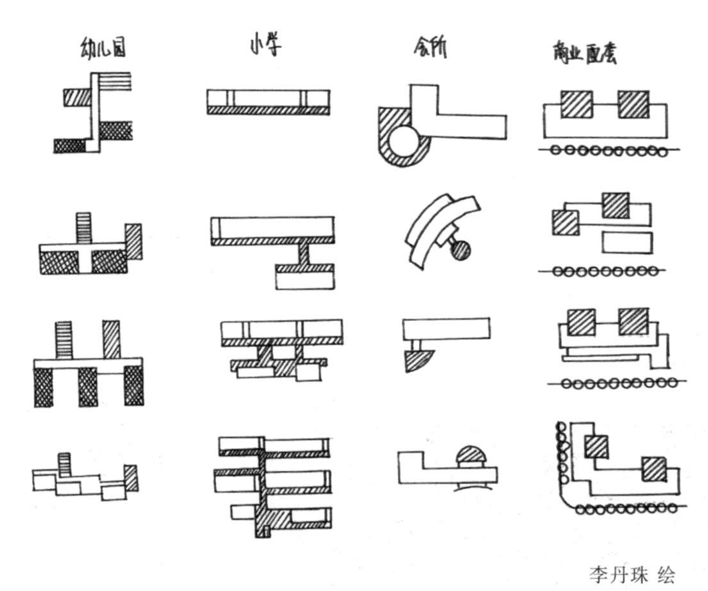

李丹珠 绘

图 1-11 建筑形式 1

1.4.3.3 配套设施必须齐全

基本的生活配套设施应当设置齐全，市政设施要有所涉及，比如垃圾收集点、配电所等。各类配套设施的布置需根据相关原则进行选址，面积大小可以根据国家相关规范进行确定。

1.4.3.4 图纸版面需要完善

图纸上需要标注的指示性符号和文字不可缺少，比如指北针、比例尺、主次入口标识、建筑层数、不同地平的标高(如果有高差)、主要道路名称、不同功能建筑的名称、平面图及分析图的图名等；此外，应根据试题要求列出建筑密度、绿地率等各类经济技术指

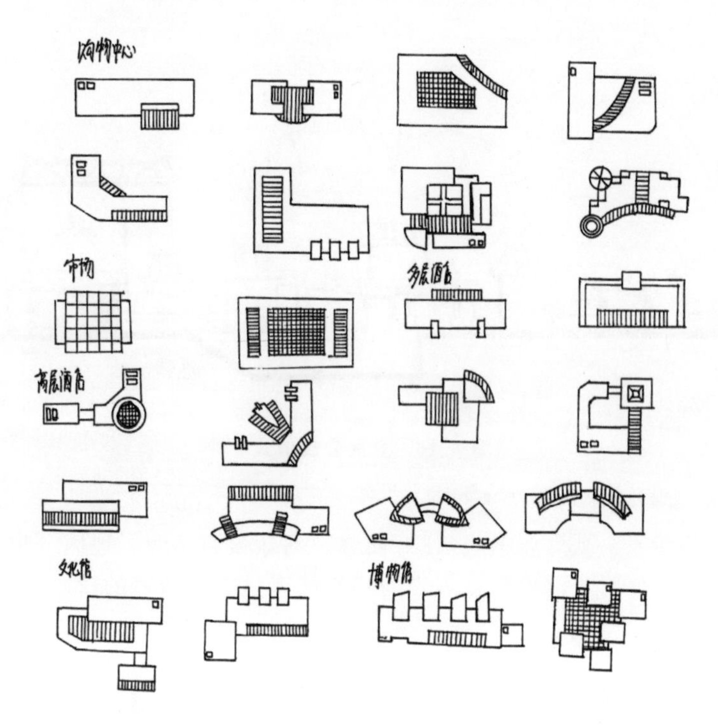

李丹珠 绘

图 1-12　建筑形式 2

标，设计说明应该能大概表达出设计者的意图和独特的规划构思，字数一般在 300 字左右。

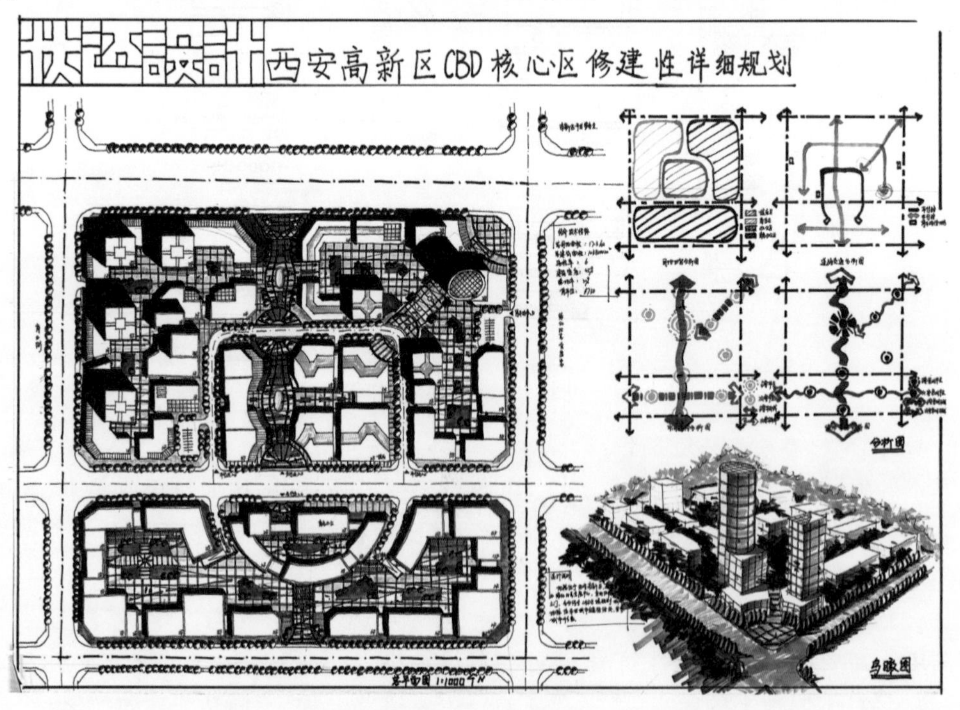

曾琪琪 绘

图 1-13　空间围合

1.4.4 规划结构问题

1.4.4.1 功能分区

规划设计中，常出现功能分区混乱、规划没有组团感、没有中心感、各种功能建筑布局缺乏对人类活动需求的流线考虑的问题。考生首先需要按照任务书的要求将题目中的各种物质要素进行分区布置，组成一个互相联系、布局合理的有机整体，为城市的各项活动创造良好的环境和条件。其次，在确定功能分区的基础上，确定土地利用方式和空间布局形式，最后刻画重点环境(图 1-14、1-15)。

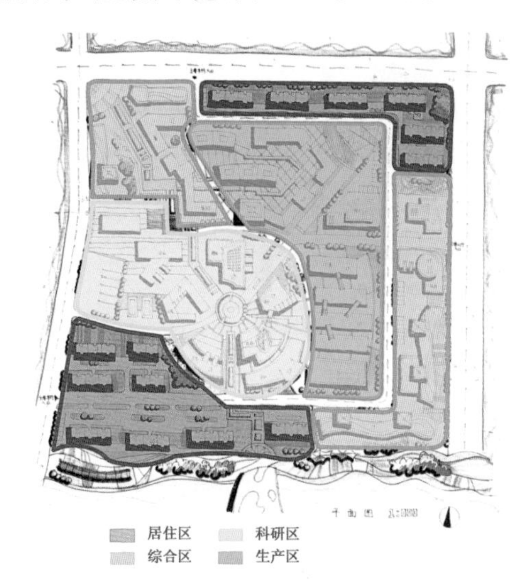

张燕琦 绘

图 1-14 创业园功能分区

曾琪琪 绘

图 1-15 城市中心区功能分区

1.4.4.2 交通组织

规划设计中，易出现交通组织混乱的问题。道路主要是起到承载交通、引导浏览和观赏的功能作用。同时，道路也是整个设计布局的脉络和骨架，它构成景观的轴线，链接主要节点和功能设施。道路的设计要综合考虑地形、水体、主要景点以及美学因素的转折起伏等，最后根据整体的效果进行优化。交通组织应注意选择合适的出入口位置；注意区分不同级别的道路；注意停车场和主要机动车流线的关系；注意机动车流线和步行流线之间的关系(图 1-16)。

1.4.4.3 景观结构

规划设计中，常出现景观结构不连续、缺乏与周边建筑形态的合理呼应、广场尺度往往过大等问题。

景观结构的调整通常是入口、道路、水系、节点四个要素之间调整的过程，要遵从从整体到局部、从整体把握全局的原则，理清设计思路，把握主要的景观元素之间的关系。景观节点要有主次，通常主要节点与景观主轴有密切的联系，此外还要考虑主要节点与次要节点之间的统一与变化。

1.4.5 色彩表达问题

规划设计中，常存在总平面与鸟瞰图色彩不统一、马克笔笔触不均、色彩搭配不协调等

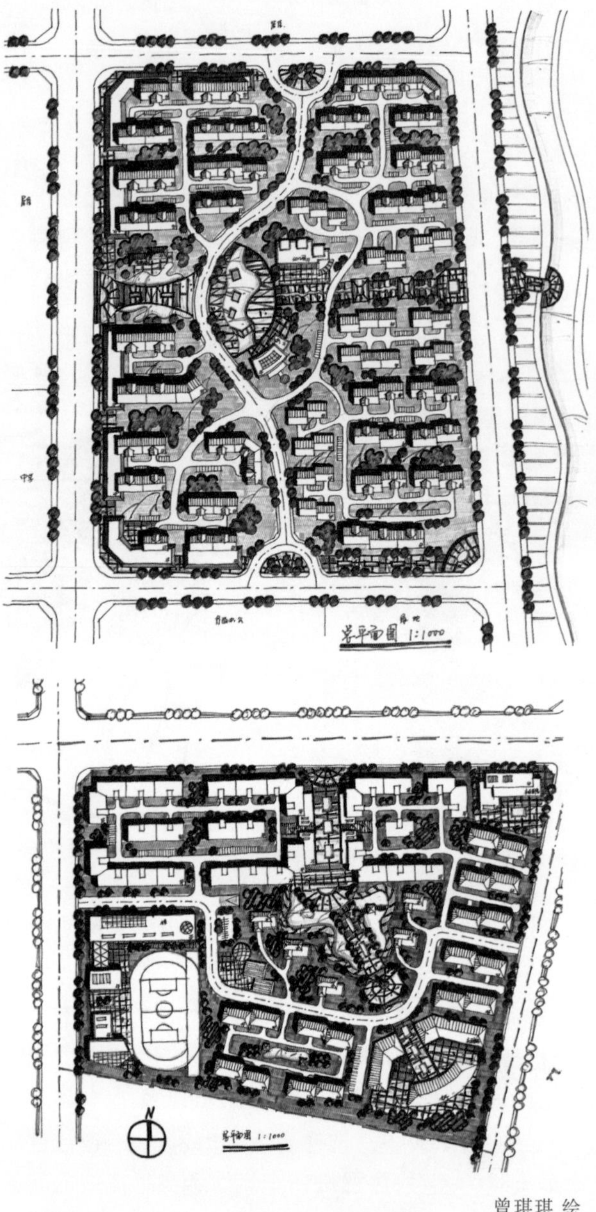

曾琪琪 绘

图 1-16　居住区道路

问题。规划设计要有自己的用色体系，用色不能过于鲜艳，一个色系的笔最好不超过 3 支，避免给人“眼花”的感觉。

1.4.6　时间不足问题

规划快速设计考试中，很多考生都觉得时间不够用，常存在时间到了但图没有画完的问题。这种情况下考生需要注意时间的合理分配，正确、完整、清晰地表达出设计成果。在练习快题的过程中，考生需要有意识地控制构思、绘制总平面图和鸟瞰图等所需的时间，才能准确把握在不同时间段中完成对应内容。

2　快速设计的表达及程序

2.1　工具的分类与应用

2.1.1　绘图笔

2.1.1.1　铅笔

在构思阶段,使用铅笔可以将设计者的构思更好更快地呈现在图纸上,并且不断地激发灵感。铅笔笔迹易于修改,可在画图过程中随时根据灵感修改方案,使方案趋于完善。铅笔可多准备几种规格,建议准备 HB、B、2B、4B、6B 铅笔,同时可携带一支自动铅笔。

2.1.1.2　针管笔

在快题设计考试中,大体的设计构思图用铅笔勾画完成后,就可使用针管笔绘制正图,针管笔具有出水流畅的特性,且针管笔画出的线条稳定性强。可根据平常绘图习惯选择针管笔,但上色建议使用油性马克笔,油性马克笔上色不会对线条产生稀释、破坏现象,不会影响图幅的整洁度。使用针管笔时应根据所画内容选择不同型号,以便区分线条粗细,但型号等级跨度不宜太大,且不超过三种,建议使用 0.15 mm、0.35 mm、0.8 mm 三种型号的针管笔(图 2-1)。

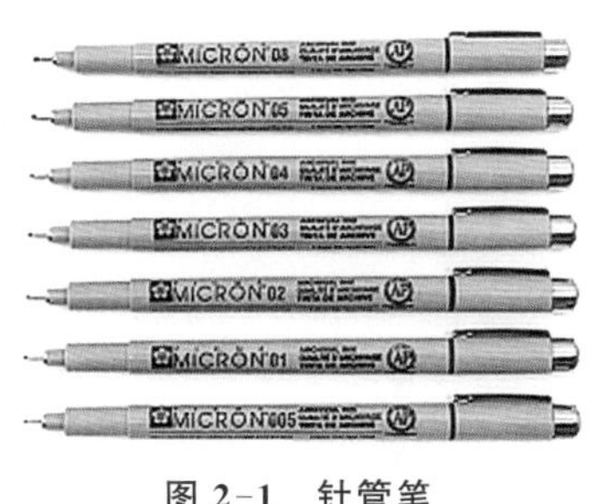

图 2-1　针管笔

2.1.1.3　钢笔

使用钢笔时沿着笔尖的方向出水流畅,而垂直或者逆着笔尖的方向可能会出现断点现象。钢笔绘图不易修改,设计过程中,绘制线条应尽可能简洁清晰,在对钢笔线条稿上色时,使用马克笔有可能会出现钢笔线条褪晕现象。

2.1.1.4　彩色铅笔

彩色铅笔用色方便、颜色丰富、易于修改且便于叠加,通常用来表现材质质感。使用彩色铅笔要把握画面的整洁度,使画面更加协调。水溶性的彩色铅笔可以得到水彩的效果(图 2-2)。

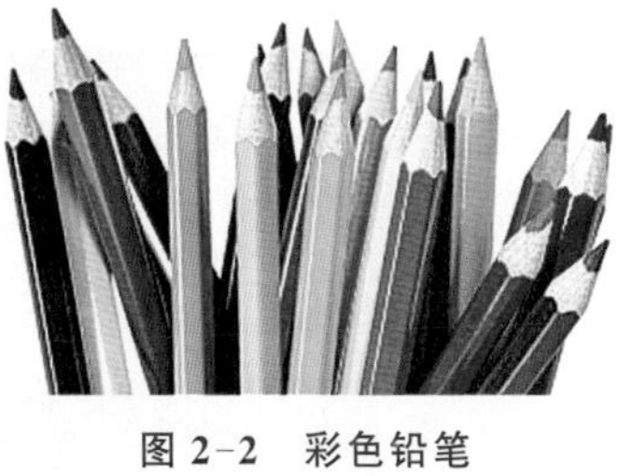

图 2-2　彩色铅笔

2.1.1.5　马克笔

马克笔是快题设计表现中最常用的工具(图 2-3)。马克笔色彩丰富饱满、表现快捷,是一种可以展现笔触的画材;双头马克笔粗细两头结合使用更利于表现。水性马克笔色彩鲜亮,但笔触界限明显,不适合大面积平涂,而适合小面积的勾画,快速重叠上色容易对图纸产生破坏,使画面脏乱。油性马克笔笔触自然、色彩柔和、覆盖性强,能够重复上色,但上色后很快会干,所以需上色迅速、准确。

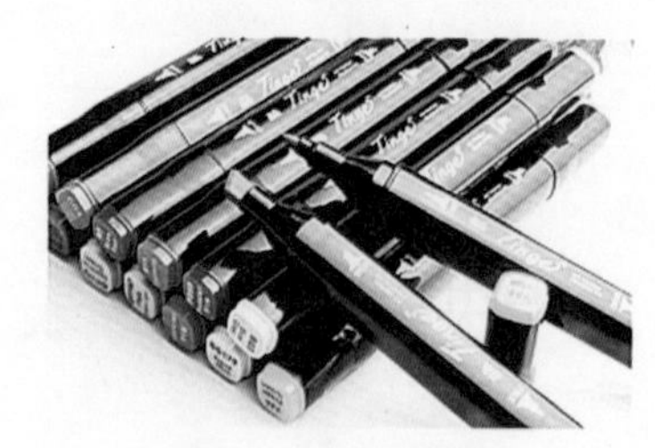

图 2-3 马克笔

2.1.2 绘图纸

2.1.2.1 白纸

白纸色彩附着力强,表现效果强烈;但具有不透明性,将设计草图转化到正图上时不太方便,可能会出现错误,不易于修改。白纸很容易弄脏,在绘制正图时要注意保持图面的干净整洁(图 2-4)。

2.1.2.2 牛皮纸

牛皮纸为黄色,使用这种纸就相当于事先设定了一个中间色调(图 2-5)。绘图时采用牛皮纸,可直接利用牛皮纸的黄色来表现中间色调,加深背光部,适当提亮受光部,即可具有很好的表现效果。

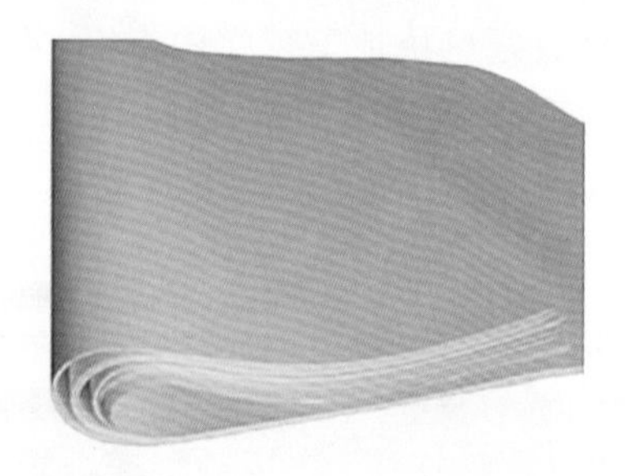

图 2-4 白纸

图 2-5 牛皮纸

2.1.2.3 网格纸

网格纸即坐标纸,纸质较厚,在设计方案时如需精准把握空间尺度,可以将其垫在硫酸纸下作为尺度参照,也可以直接在网格纸上构思方案(图 2-6)。

2.1.2.4 硫酸纸

硫酸纸具有很好的透明性,设计方案草图可以直接复制,有利于提升考试作图速度。硫酸纸上色时,色彩的呈现力没有白纸表现强烈,所以上色时可以选择比白纸上更强烈一点的颜色(图 2-7)。

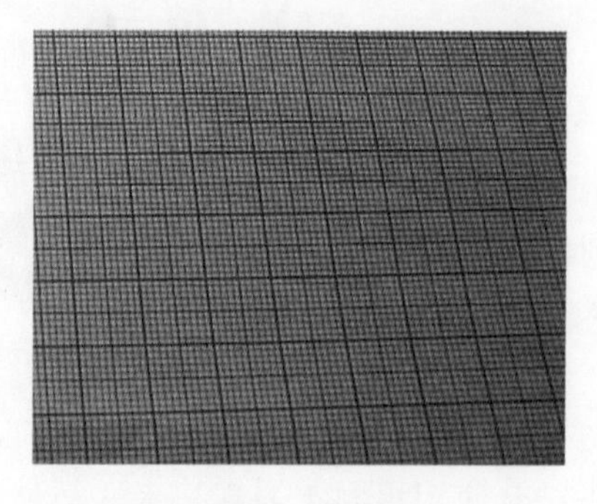

图 2-6 网格纸

图 2-7 硫酸纸

2.1.2.5 马克笔专用纸

马克笔专用纸厚度适中，纸层含防水材料，因而不易通透，马克笔双面作画可多次涂画并且颜色鲜艳、笔触分明。

2.1.2.6 拷贝纸

拷贝纸也称作草图纸，纸质细腻半透明，常用于方案的草图阶段，交正图时最好不要用草图纸，因其易皱，可以使用硫酸纸。

2.1.3 绘图尺规

常用绘图尺规包括直尺、三角板、丁字尺、比例尺等（图 2-8）。

图 2-8 绘图常用尺规

2.1.3.1 直尺和平行尺

直尺和平行尺主要用来绘制短直线，包括水平线、垂直线。

2.1.3.2 三角板

三角板主要用来绘制有一定角度的直线，绘图时采用先上后下，先左后右的方式移动绘制，避免墨线弄脏图面。

2.1.3.3 丁字尺

丁字尺主要依靠三角板辅助来绘制水平线与垂直线，使用时短边紧靠图板，笔尖倾斜靠近丁字尺长边画直线。

2.1.3.4 比例尺

在方案定稿阶段，使用比例尺精准画出重要的元素，保证道路、建筑等的尺度合理可行。

2.1.3.5 曲线板

曲线板可以绘制出比较柔和圆滑的线条，方便画出设计中的弧线造型。

2.1.3.6 模板

一般在快题设计中草图阶段为节省时间应少用模板，但在绘制正图时为了图面的美观，可以使用模板绘制铺装和植物等。

2.1.3.7 圆规

随手绘制较大的规则圆形，常常会出现变形的情况，影响设计效果，用圆规来绘制规则的圆和半圆，能使画面更规整。

2.1.4 其他工具

除以上几种工具之外，绘图工具还包括刀片、橡皮擦、修正液、透明胶带、夹子、图板等。

刀片适用于修改纸张较厚、表面光滑的硫酸纸和复印纸上的绘图，修改时应注意用力均匀、方向一致、动作轻缓。橡皮擦适用于修改用铅笔绘制的图纸，同时应注意不要留下明显的痕迹。修正液留下的痕迹在修改复印纸上的绘图时很容易被掩盖，但在其他图纸上则较为显眼，因此要谨慎选用。透明胶带、夹子、图板等都可以在作图中起到辅助作用。

2.2 快速设计成果图表现技法

2.2.1 平面表现

平面表现应用在总平面图绘制阶段和分析图线条绘制阶段，有利于清晰准确地表现方案构思和设计内容。平面图上，钢笔画墨线阶段不使用尺规，而是大胆地展现手绘线条，能够赋予画面更强的表现力。

2.2.1.1 建筑表现

建筑是总平面图的重要组成部分，在规划快题设计时，一般表达出建筑物的平面造型即可，不要求对建筑进行特别细致的刻画，但为避免画面过于单调，通常画图时多使用双线。

线条具有极强的表现力，直线、斜线、曲线等不同的线条能表现出建筑不同的风貌（图 2-9、2-10）。

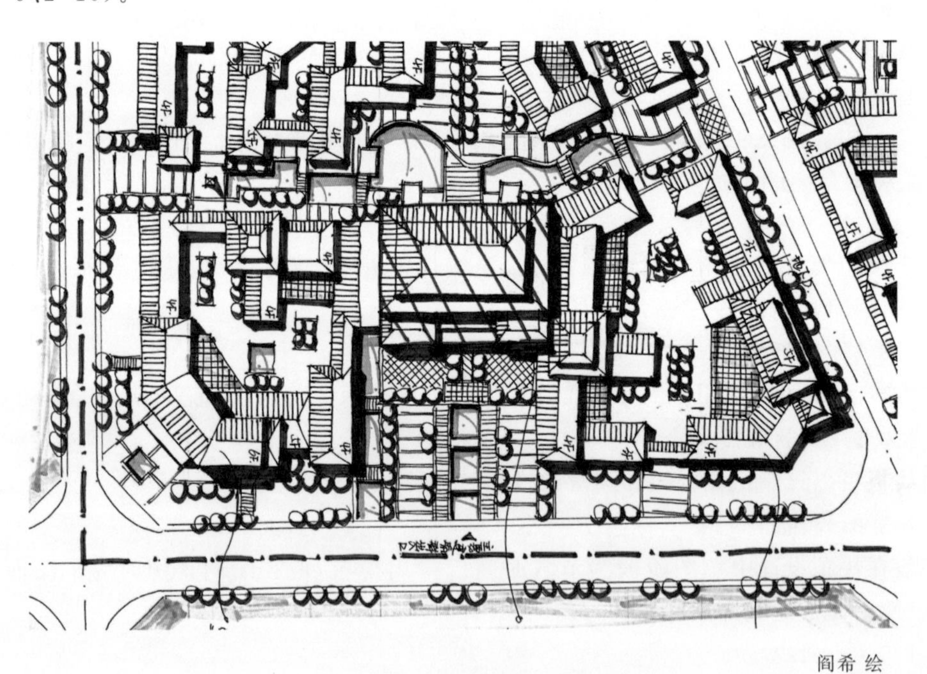

阎希 绘

图 2-9 手绘建筑平面图

2.2.1.2 阴影表现

快题设计时，从最开始的铅笔稿到上线条，到最后加阴影，它们之间相互配合，共同构成一张完整的手绘总平面图。阴影能够增加平面图的立体感和层次感，简单的几笔费时不多，但效果显著(图 2-11)。

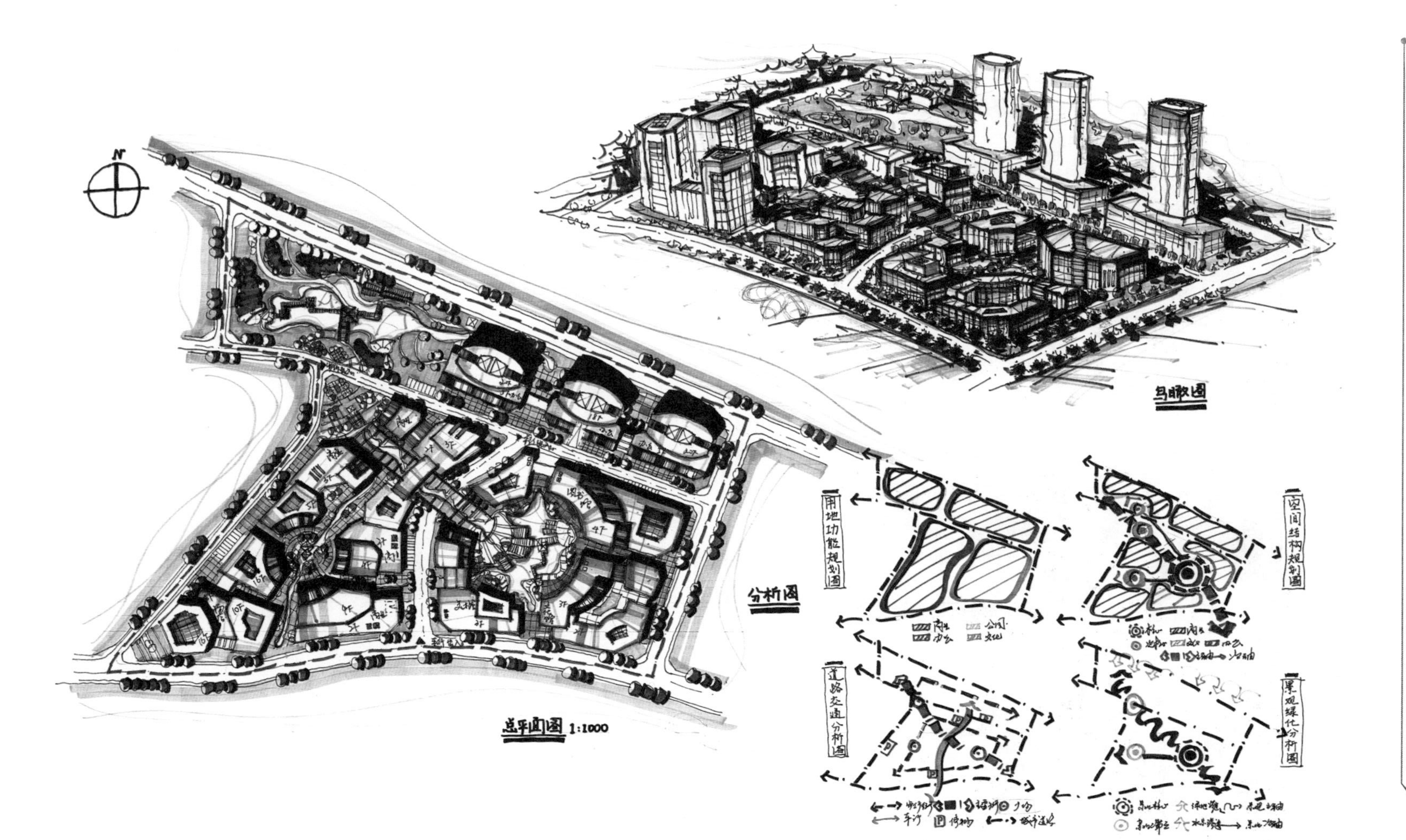

陈静 绘

图 2-10 建筑表现

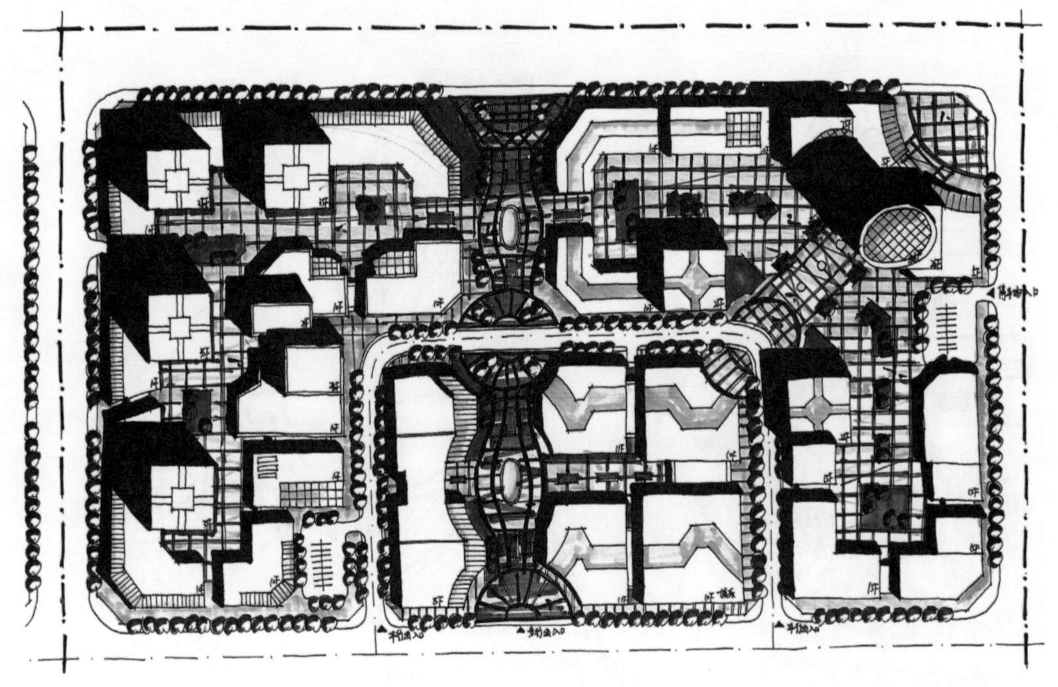

曾琪琪 绘

图 2-11　阴影表现

画阴影时，应根据设定光照的方向，物体的体量、高低，调整阴影的方向及阴影面积的大小。规划快题设计时，可先对平面中最高物体进行阴影大小设定，再依据物体大小，衡量其他物体阴影的大小，但需注意图上阴影方向的一致性。

2.2.1.3　分析图表现

分析图通过线条和颜色简单明了地表达了规划快题的整体架构和设计思路，具有图幅不大、一目了然的特点(图 2-12)。分析图绘制的原则是选择线型、箭头等简单几何元素，将规划设计成果用符号化的语言清晰、直观地呈现。分析图通常用马克笔直接绘制，再用针管笔描边。分析图宜选用色彩鲜艳、对比突出的颜色，但为了保证平面表现达到良好的整体视觉效果，分析图的配色应尽量和平面图保持一致。

2.2.2　立体表现

立体表现应用在局部效果图、鸟瞰图的绘制阶段，立体表现能够更直观地反映规划方案的空间效果。

效果图画面表现要处理近景、中景、远景的空间效果，要注意“抓近放远”，在深入刻画时，将时间和精力放在近景的刻画上，对核心场地周边建筑与近景建筑进行重点表现，远处的建筑、山、树等可只保留基本形体，表达大概的空间关系即可。

效果图的透视角度选择至关重要，一般情况下，小场景表现选择一点透视或两点透视的正常视线高度(1.5～1.7 m)；表现全局或场景较大时选择鸟瞰图，视点的高低根据场景具体大小确定。

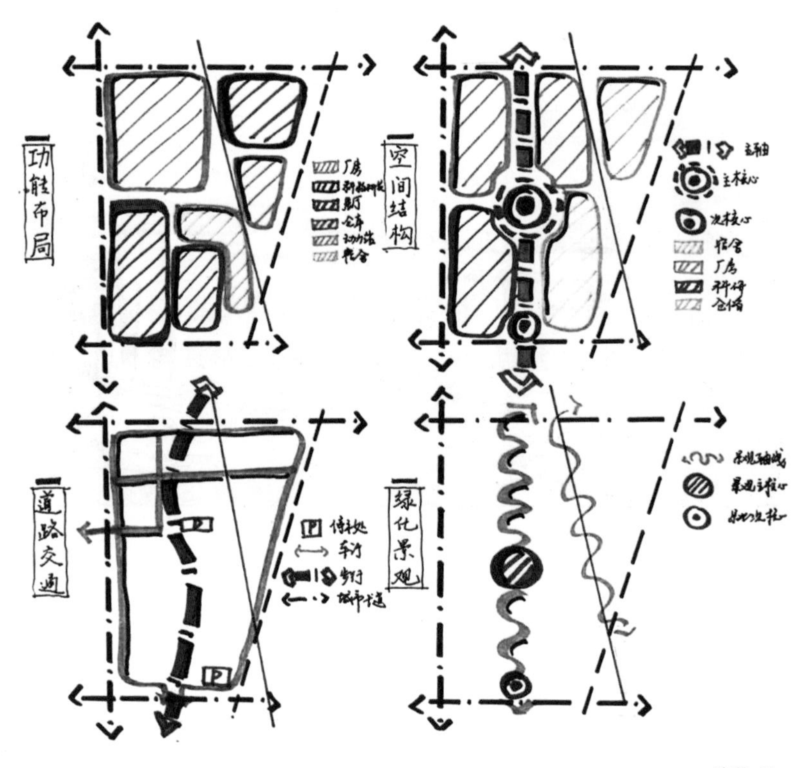

陈静 绘

图 2-12 分析图

李玉坤 绘

图 2-13 局部效果图

2.2.2.1 局部效果图

局部效果图(图 2-13、2-14)常用于表现三维空间节点,如入口空间、公共中心节点等。局部效果图在根据平面布局选取节点后,应首先确定透视角度,再确定场景元素的主次及轻重关系,营造视觉中心。

局部效果图对建筑、植物、水体等元素细部的刻画与布置比鸟瞰图更加深入,能够更完整地表现建筑风貌、文化景观等。

张燕琦 绘

图 2-14　步行街效果图

2.2.2.2　鸟瞰图

鸟瞰图(图 2-15、2-16)是视点高于景物的透视图,能够直观地展现方案的三维空间关系,全面地表达各个细节元素,清晰地表达出体块之间的组合关系。

鸟瞰图并非凭空绘制。首先,应选取合适角度,根据平面图的比例与尺度,打出网格,定出各个功能区及建筑与地块的大体关系。其次,勾出建筑形体及各个细部的位置,刻画建筑形体时需注意透视关系带来的尺寸变化。然后,增添植物、人物等元素,刻画周边场景,营造环境氛

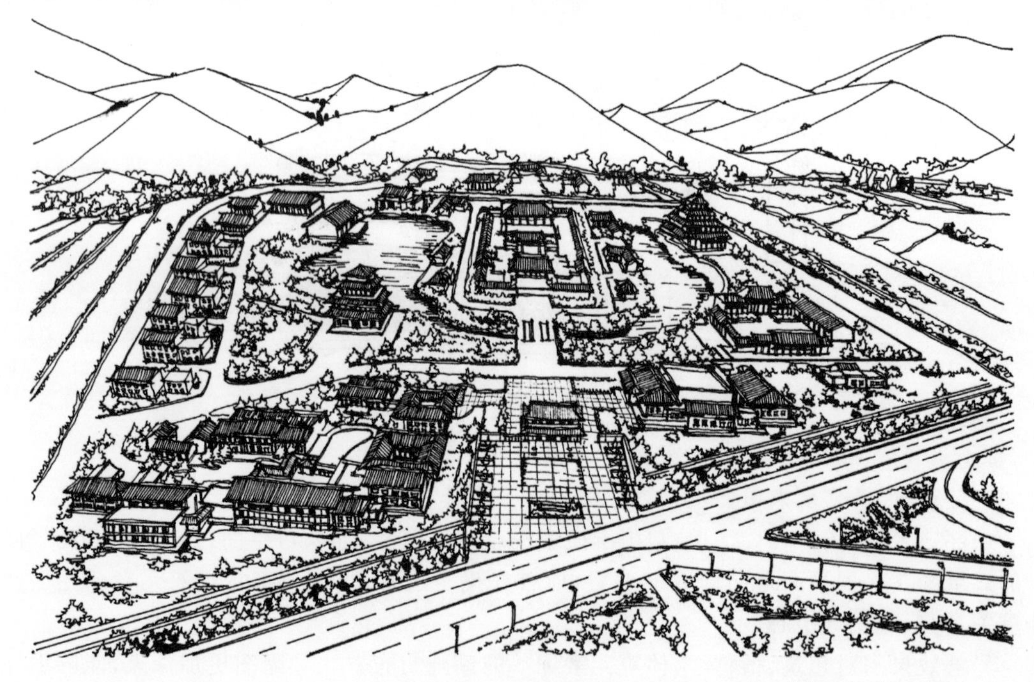

绵阳上战手绘 李万海 绘

图 2-15　鸟瞰图 1

围。最后，根据已打好的铅笔稿上墨线，明暗关系可用墨线进行刻画，用线要有一定的变化，不能太生硬。上墨线需注意建筑轮廓线线型较粗，建筑立面刻画线线型较细。

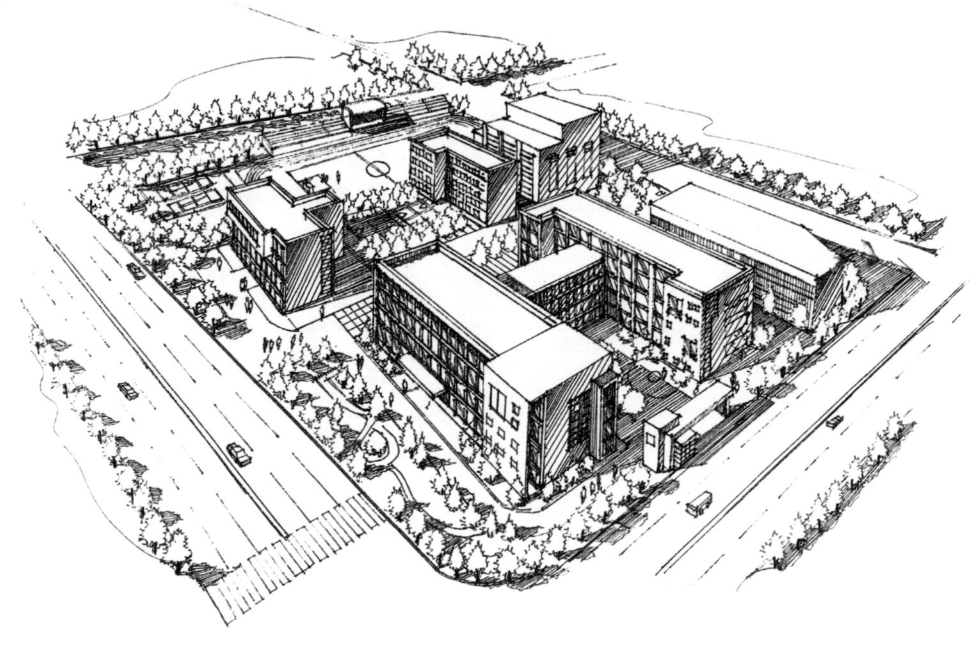

绵阳上战手绘 李万海 绘

图 2-16 鸟瞰图 2

2.2.3 色彩表现

色彩的合理搭配能增加画面的表现力，还能在一定程度上弥补手绘线条的不足之处（图 2-17）。图面用色种类不宜过多，和谐而又主次分明的色彩搭配更容易将规划设计方案表现好，对于特别需要强调的部分，例如突出的公共建筑和片区标志性建筑，以及景观雕塑小品等，可以用亮色突出表现，显示其重要性。

平面图上色顺序应遵循“先浅色后深色”“先局部后整体”的原则，即草地、水体等大面积场地先上色，再深化道路铺装、建筑等细部，建筑是方案的主体，可适当留白。常见的用色如：水体——深蓝色、草地——灰绿色、树木——深绿色、建筑——留白、玻璃——浅蓝色、铺装——棕黄色，等。

效果图上色需注意做到近实远虚，即近处的物体颜色比远处更深。效果图通常可遵循平面图上色原则，直接运用马克笔上色，也可以先利用彩铅将物体的固有色铺一遍，再运用与彩铅颜色相近的马克笔继续覆盖每一个物体；最后，可用深颜色的马克笔甚至直接用黑色马克笔去加深阴影关系，丰富暗部的变化，但要注意画面的灵动性，不可太死板，这一步主要是为了更好地突现出主景，使画面整体富有空间立体感（图 2-18～2-21）。

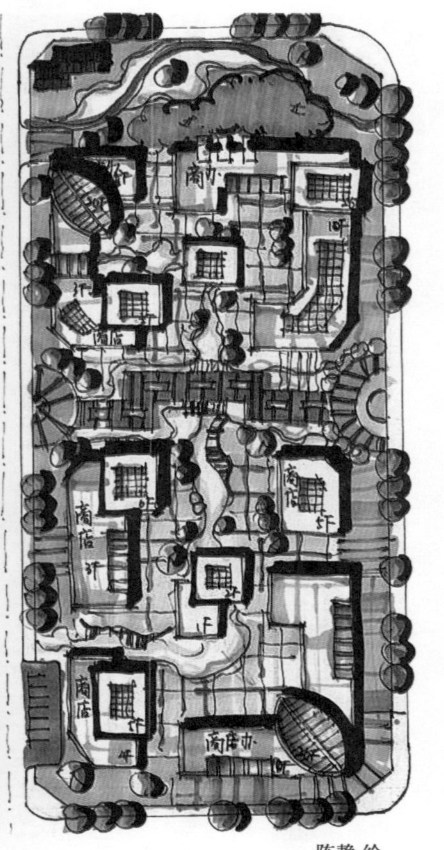

陈静 绘

a.

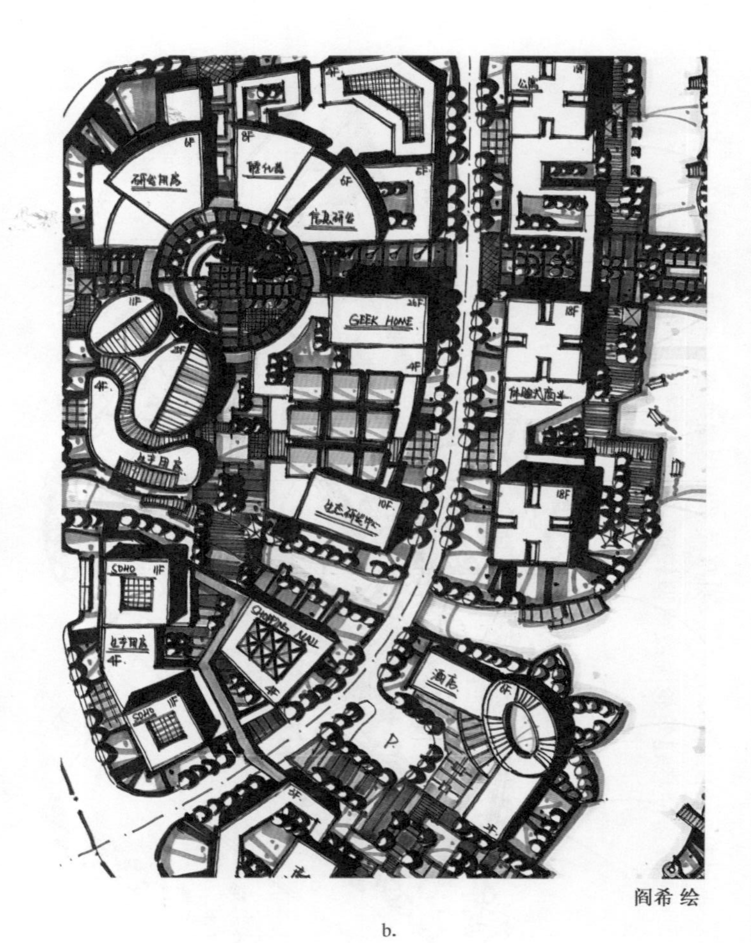

阎希 绘

b.

图 2-17　色彩搭配

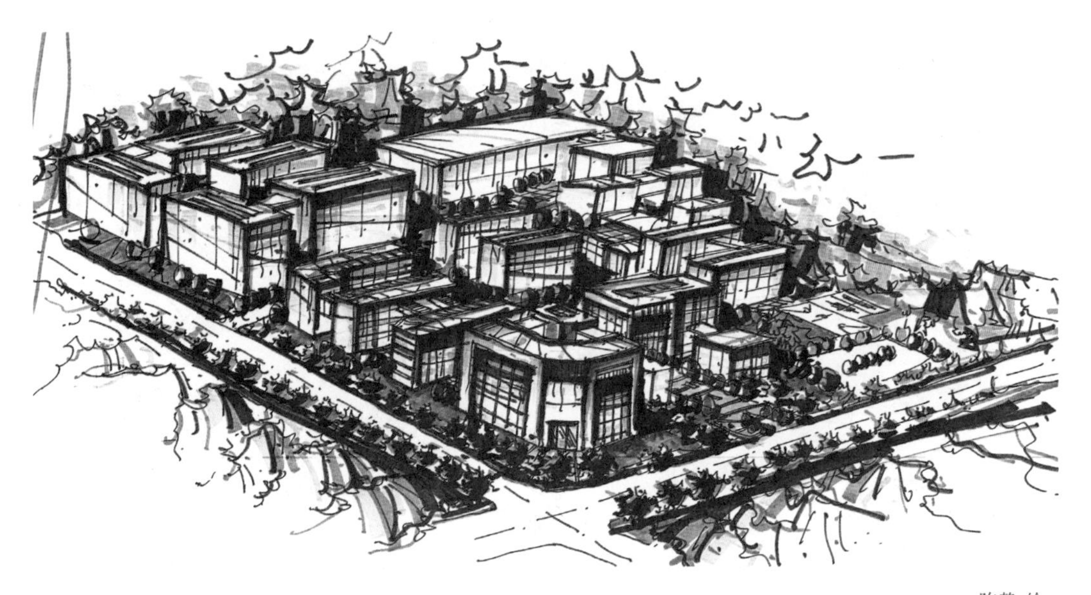

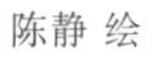

陈静 绘

图 2-18 色彩表现 1

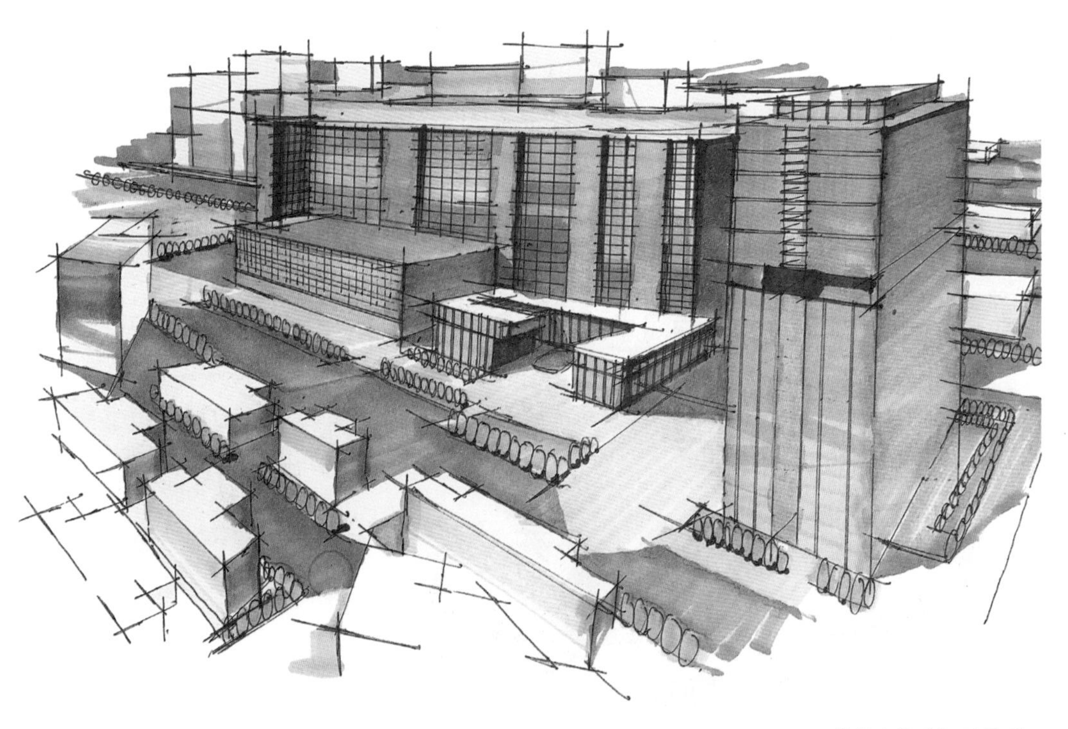

绵阳上战手绘 田苹 绘

图 2-19 色彩表现 2

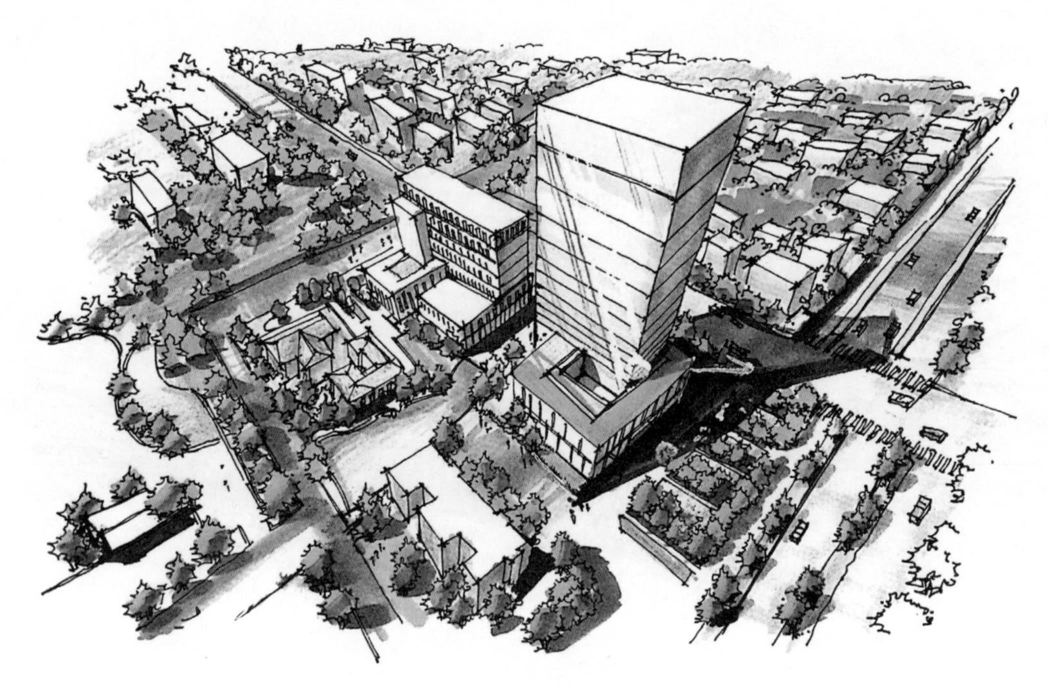

绵阳上战手绘 李万海 绘

图 2-20　色彩表现 3

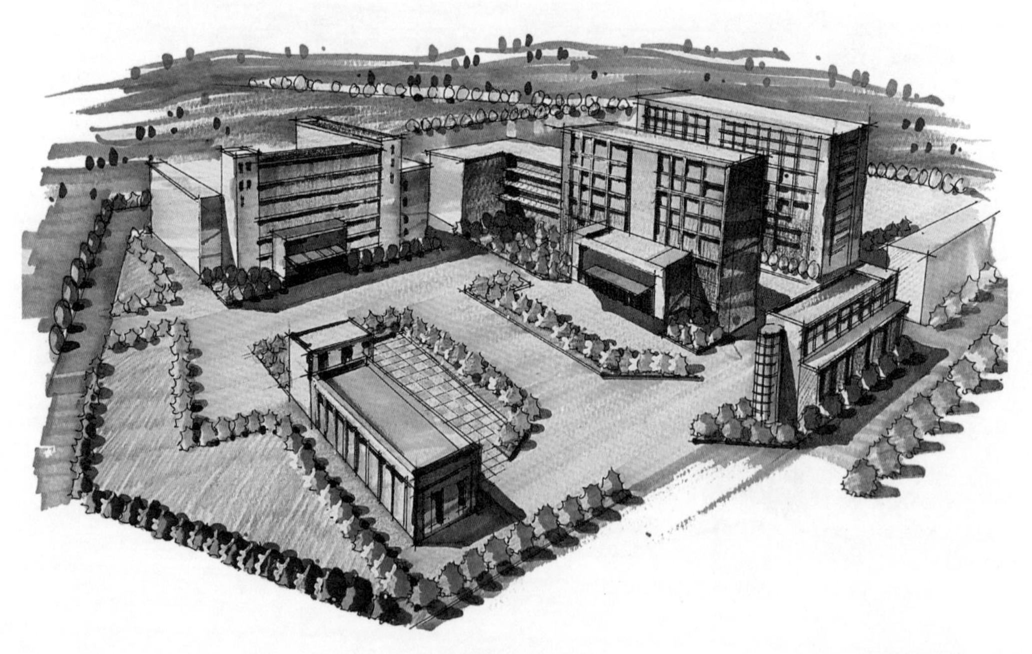

绵阳上战手绘 田苹 绘

图 2-21　色彩表现 4

2.3 快速设计的程序

2.3.1 分配时间

规划快题设计是指在较短的时间内(一般为 3 或 6 小时)完成设计方案及其表现、说明的设计形式。以下简介 6 小时考试时间分配方式(表 2-1)。

表 2-1 6 小时考试时间分配表

阶段	任务	时间(分钟)	内容
第 1 阶段	审题、构思	40	研究任务书、明确对象,把握题眼,确立目标,进行排版、绘制好地形图,写标题,设计构思
第 2 阶段	绘制草图	80	根据总体规划结构和基本构思,初步确定道路、建筑、场地的位置,增加一些简单的空间处理、建筑形体变化和环境设计,铅笔稿定稿
第 3 阶段	绘制平面图	110	墨线定稿、刻画细节,完善标注,上色,刻画重点,完善总平面
第 4 阶段	绘制效果图	60	对方案的亮点和核心空间进行更深层度的刻画
第 5 阶段	绘制分析图	30	选择图例,绘制分析图
第 6 阶段	文字表达	20	设计说明、经济技术指标、指北针
第 7 阶段	查漏补缺	20	进行查漏补缺,避免缺图、少图或图上有明显的空白处

2.3.2 解读任务书

仔细阅读任务书中给出的各项设计条件,明确考试快题的类型及考查范围,了解地段所在城市或乡村的整体情况,分析题目所给已知条件和隐含条件,了解考查侧重点,同时注意用地条件可能包含多方面内容,分析轻重取舍,抓住题眼,避开陷阱。通常情况下,一份任务书主要包括两部分,首先是相关的文字说明,其次是地形图,具体涉及气候自然条件、区位与周边环境、周边道路交通、用地形状特征、用地地貌特征、建筑高度控制、容积率要求与配套设施要求等。

2.3.2.1 文字部分的解读

任务书中一般会给出相关的文字说明,指出地块的区位及现状、开发设计的内容、相关的指标要求、规划设计成果要求等。根据区位及周边的环境条件可以确定本次规划的大致目标及规划类型;根据开发设计内容要求及相关技术指标,可以计算出相关的开发量以及相关的建筑量;根据规划设计的成果要求可以构思出成果图的整体版面设计。

2.3.2.2 地形图的解读

一般任务书中的地形图会给出指北针或者风玫瑰图,地块所处区位条件,地块的形状,地块中所包含的水体、山体、保留性的设施,地块的交通状况等,应试者应从生态的角度出发,充分结合当地的自然条件进行规划设计。

通常情况下，可以根据风玫瑰图大致确定出方案设计的绿化廊道、给排水管网设置、建筑的平面组合形式等。基地并不是独立存在，规划应以整体性为原则，考虑规划用地与周边环境的关系；设计上空间、体量、视线要有呼应关系，机动车、人行道等流线要连通，争取较大空间尺度上空间与功能的和谐。

地形图中一般会出现水体、山体、保留建筑、保留古树、保留广场等，要根据地形图中出现的元素一个个地详细分析和利用。比如出现水体可以考虑做一些滨水景观，打造水文化景观节点，可以利用水体来改善地区的小气候等；出现山体可以考虑做成对景或者设置指向山体的景观道，可以利用山体布置休闲设施、改善地区环境等；出现保留性的设施，可以把文化元素与所要保留的设施相结合，或者把保留的古树、广场等做成重要的景观节点等。根据地形图中给定的地块的形状及该地块所处的区位，设计建筑的形式及平面组合形式、功能分区、建筑的色彩等。

根据地块中的现状道路安排地块出入口的位置、主次道路的设计以及停车问题等。周边城市道路状况对规划用地出入口的设置起决定性作用，进而影响到内部交通组织方式。快题设计中考生既要合理组织区内交通，也要注意区内外交通的衔接。规划用地根据周边交通通常分为四种类型：单边道路规划用地、双边道路规划用地、三边道路规划用地、四边道路规划用地。

单边道路规划用地的机动车出入口只能选择设在仅有的道路上，一般会选在道路中部位置。若相邻用地为城市广场或者开放的城市公共绿地，可在不影响其基本使用功能的前提下设置人行出入口。其余三种用地需要先研究周边道路的性质，通常机动车出入口设置在城市次干道和城市支路上，尽量避免设置在城市主干道上。

2.3.3 绘制草图

绘制草图阶段即表达方案构思阶段。首先要注重技术性要素，一草阶段以总平面地形图为底图，在草图纸上按比例绘制草图平面，总平面图放线可采用打网格法，每个网格尺寸选用整数，按比例在图纸上打网格描点连线。草图绘制应根据总体布局构思、建筑退让红线距离、建筑间距、日照间距、消防间距等限制条件初步确定建筑、道路、场地的位置，避免因明显的技术错误失去竞争优势；其次在贴合立意的情况下注重方案的创造性，构思新颖巧妙的方案总是能够让人耳目一新。二草阶段在一草定位的基础上增加一些空间处理、建筑形体变化和环境设计。这些能力的提升需要在平时做一定的练习与积累，平时练得多考试时就可以节省很多时间。在草图阶段只要基本定位即可，不需要过多的推敲细节，主要是确定出入口、建筑、道路系统、绿化系统、场地等各组成部分的位置和相互关系。

2.3.4 绘制正图

在绘制正图阶段，边画图、边思考、边设计，进一步明确各部分的位置和关系，机动车道、人行道路、场地要区分开。作图时尽量使用尺规作图，先用铅笔把主要的线条定稿，少量有把握的线条可以留到上墨线时一次到位，注意利用线条的粗细变化和阴影设置，使画面富有层次感。上墨线时要认真仔细，不能犯把停车场出入口、地下车库出入口等封死的低级错误。

平面图应清晰地反映出方案的空间结构和布局特色，在总体关系明晰的前提下，适当放松一些次要细节的刻画，以意向性的方法表达即可，避免杂乱无章。

效果图的刻画可以表达出空间设计的魅力（图 2-22）。绘制效果图需选择合适的透视角度，一般选择南侧视角，方便光影的刻画。如果考生对透视图把握度不高，可采用轴测图的方式来表达。效果图表现在考试中占有非常重要的位置，考生平时应多练习，以积累效果图的绘制方法。

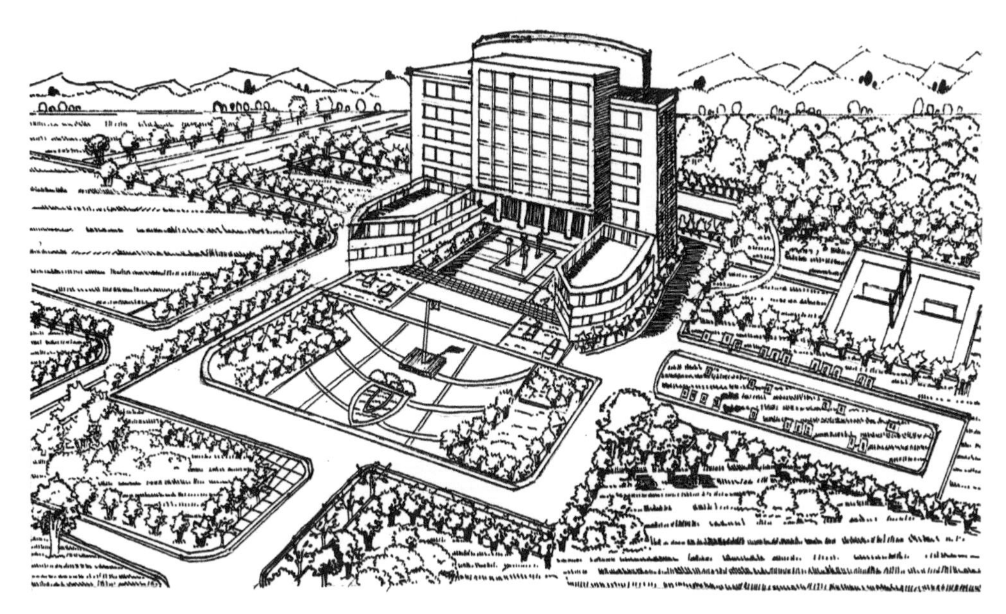

绵阳上战手绘 黄莞迪 绘

图 2-22 效果图

恰当的图面着色更有利于设计效果的呈现。对色彩掌控能力欠缺或是时间严重不足的考生，可考虑绘制单色图，体现准确的明暗关系，同时用彩色铅笔简单着色。

2.3.5 绘制分析图

设计者通过抽象的图解概括表达具体的图纸内容，分析图可提高读者读图的效率。快题考试中分析图主要包括功能分区图、道路交通组织分析图、景观节点分析图三种。分析图是规划设计必需的图纸，但在快题考试中考生不需要重点刻画，要以“稳”为第一要义。有些考题不会具体限定分析图的类型，这时考生可以选择功能分区分析图、交通组织分析图、景观节点分析图等常规类型。有充裕的时间也可以加一些立体的阴影等简单修饰，排版一定要整齐，图例选择要对比鲜明，表达清晰。

2.3.6 经济技术指标与设计说明

2.3.6.1 经济技术指标

经济技术指标是通过计算来衡量设计方案的合理性和综合效益。根据规划快题题目，考生应提供与设计方案对应的经济技术指标列表，指标和单位要认真核查，避免出错。

2.3.6.2 设计说明

设计说明辅助表现设计方案，应力求简练，字数不宜过多，避免空话与长篇大论。设计说明一般以罗列条目的方式陈述，先总述再分述。编写设计说明一般包括：对基地现状及其周边环境的概括、用地的空间结构和整体布局、规划设计依据、规划设计原则、规划设计目标、道路交通系统规划、绿化景观设计等。

3 快速设计基本素材

3.1 建筑

3.1.1 住宅建筑

3.1.1.1 分类

住宅建筑按照建筑层数分类，主要有以下几种类型。

1～3 层低层花园建筑，平面布置形式灵活多样，常见的类型包括独院式、联排式、并联式，常见的组合类型包括并联＋联排式、独院＋联排式、独院＋并联式等。

4～6 层多层单元住宅，有梯间式、内廊式、外廊式等形式，常见的组合类型包括联排＋叠拼式、联排＋洋房式等，一般使用公共楼梯解决垂直交通(图 3-1)。

8～11 层小高层住宅，其单体类型多样，使用较为灵活，常见的组合包括独栋小高层、联排式、叠拼式，常见的组合形式包括联排＋小高层、叠拼＋小高层等。

12 层以上的高层建筑，平面形式多样，一般以独栋点式为主(图 3-2)。

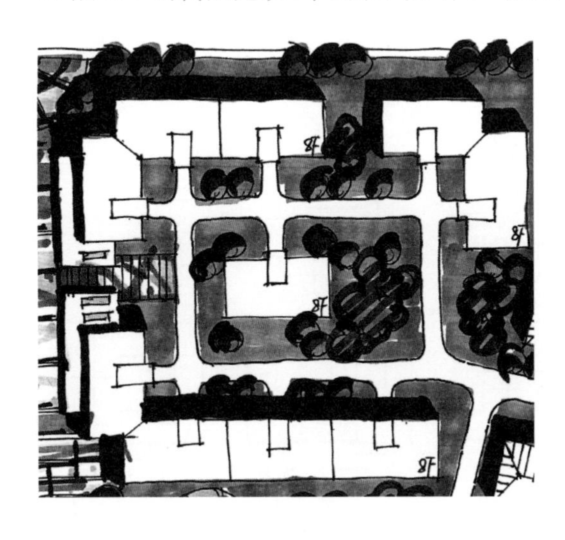

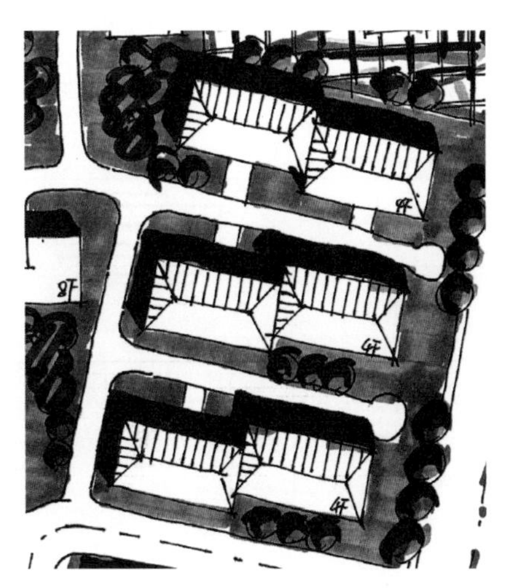

曾琪琪 绘

图 3-1 多层单元住宅

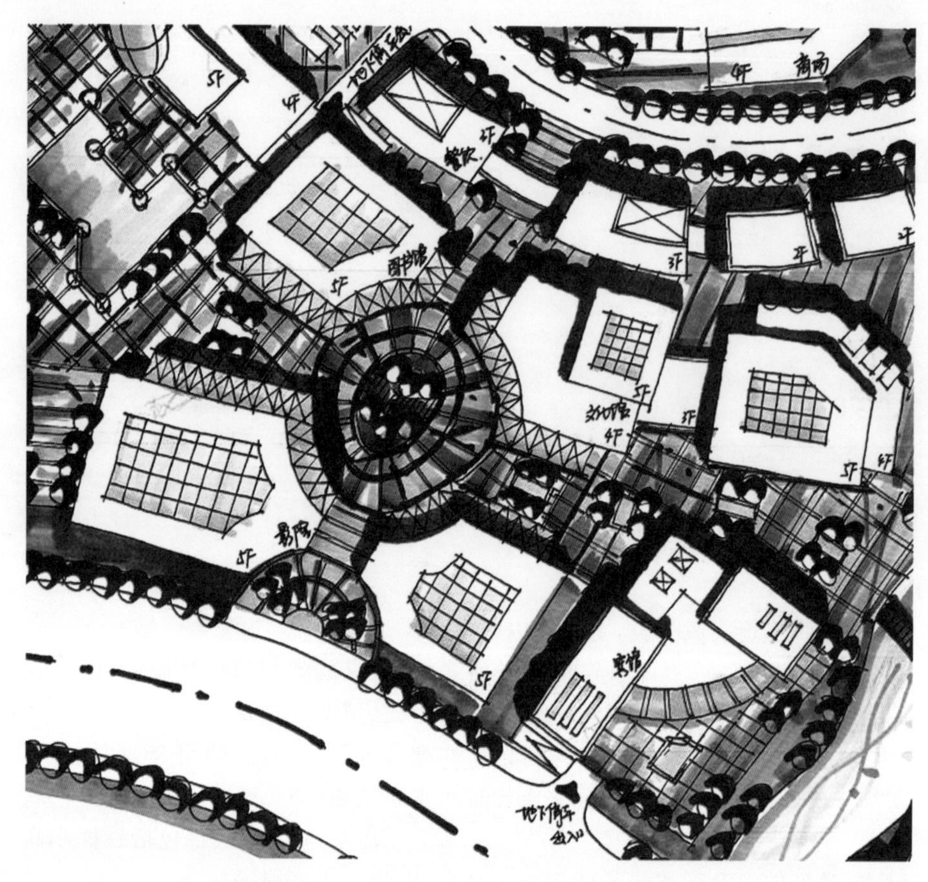

曾琪琪 绘

图 3-2 高层建筑

3.1.1.2 总平面形态

常见住宅建筑总平面形态如表 3-1 所示。

表 3-1 住宅建筑总平面形态

低层花园住宅	独栋式				
	拼接式				
多层、小高层住宅	一梯两户				

（续表）

多层、小高层住宅	一梯三户	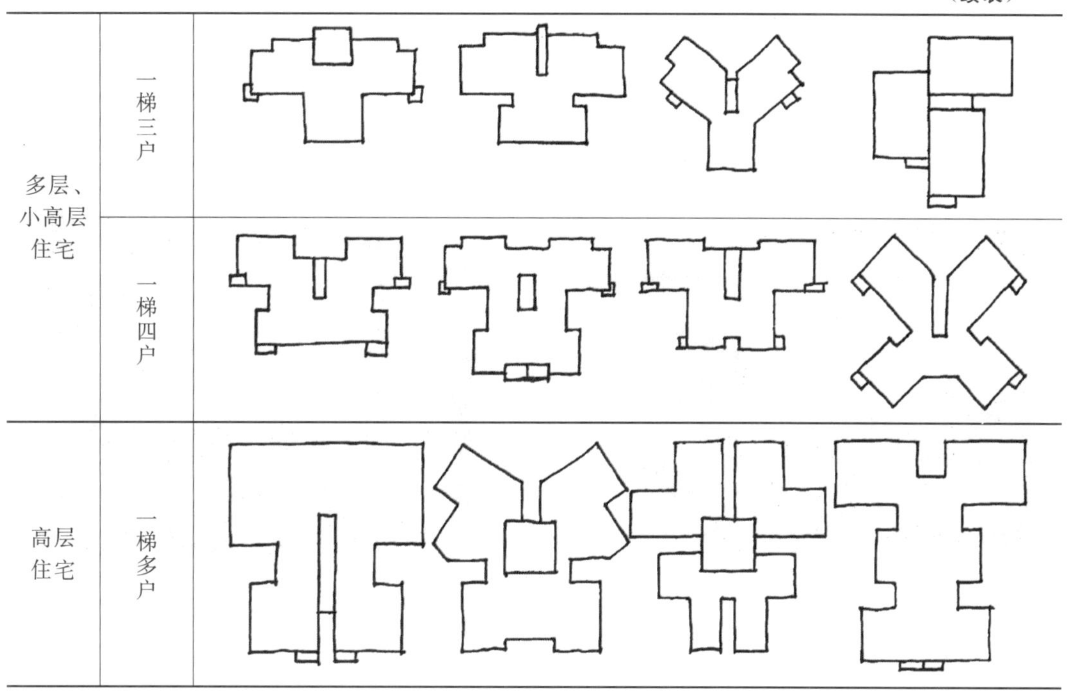
	一梯四户	
高层住宅	一梯多户	

表中图片由吴逢婷绘。

3.1.2 学校建筑

3.1.2.1 分类

(1) 幼托类

幼托一般包括幼儿园和托儿所两类，两者可以联合设置，也可以分开设置，一般情况下为了节约用地，将幼儿园和托儿所联合设置在独立地段上。幼托应布置在环境安静、便于家长接送的单独地段上，同时幼托附近最好设置少量的停车位。幼托层数一般为1～2层，用地较紧张的情况下可考虑局部为3层。幼托的总平面最好有一定的可识别性，总平面布局要保证活动室和室外活动场地有较好的朝向(图3-3)。

曾琪琪 绘

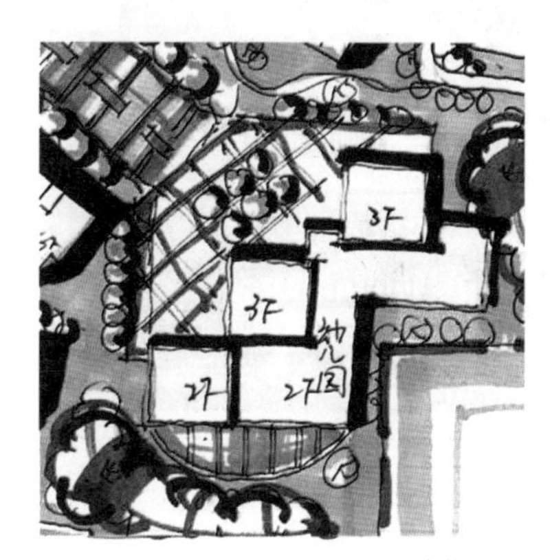

陈静 绘

图3-3 幼儿园

(2) 中小学

中小学通常用地规模较大,建筑密度低。中小学的规划应保证学生能就近上学,小学服务半径 500 m 左右,中学服务半径 1 000 m 左右。中小学校应建设在阳光充足、空气流动、场地干燥、排水通畅、地势较高的宜建地段,层数应根据用地条件、技术经济指标及相关国家规定而定。建筑形式多为板式,要有良好的朝向(图 3-4)。

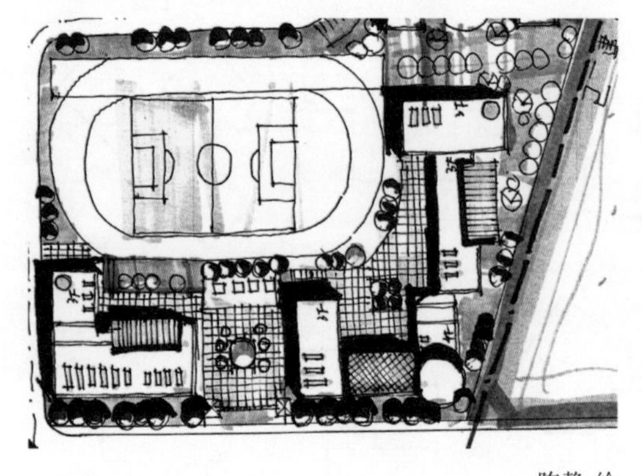

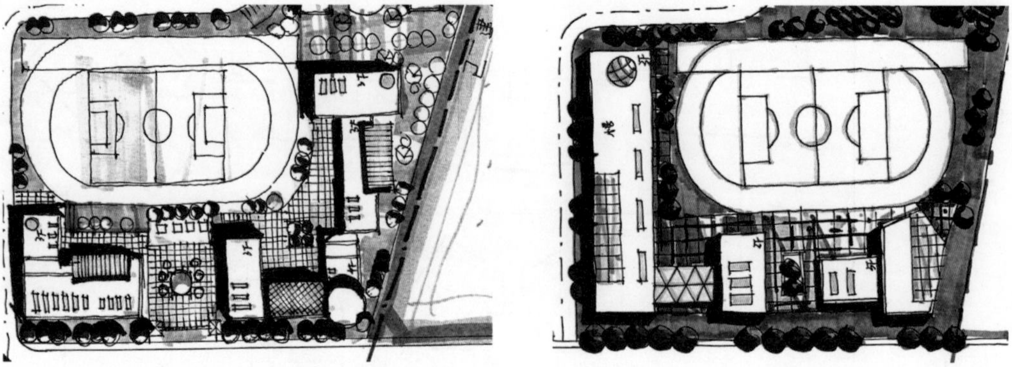

陈静 绘　　　曾琪琪 绘

图 3-4　中小学

(3) 大学

大学校园建筑以教学、运动和生活为主要功能。生活类建筑多为学生公寓、教职工公寓、食堂等。学生公寓一般以多层和小高层为主,形式以长方形板式为主,建筑内部多采用内廊式结构,宿舍面积 20～30 m^2,人均使用面积 5 m^2 左右,过道宽 2m 左右。教职工公寓多为多层或者小高层的住宅小区,形式以板式为主,区别于学生公寓独立设置。食堂一般为大体量的盒状建筑,层数 2～3 层,有时候也可以把学生活动中心与食堂结合起来设置。教学类建筑形式多样,一般以群体组合的形式出现,有一定面积的内部开敞空间、庭院等(图 3-5)。运动类的建筑包括体育馆、风雨操场、学生活动中心等,此类建筑的设置可以考虑对外服务的功能,同时也要注意减少对教学区及生活区的干扰(图 3-6)。

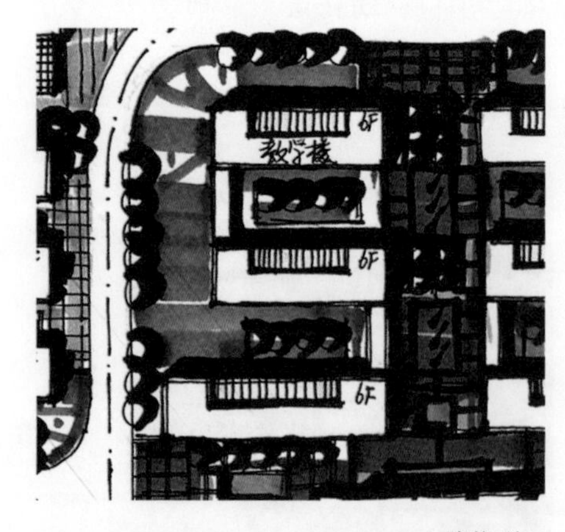

陈静 绘

图 3-5　教学类建筑

陈静 绘

图 3-6　学生活动中心

3.1.2.2　总平面形态

常见学校建筑总平面形态如表 3-2 所示。

表 3-2 学校建筑总平面形态

幼儿园	9 班或 12 班	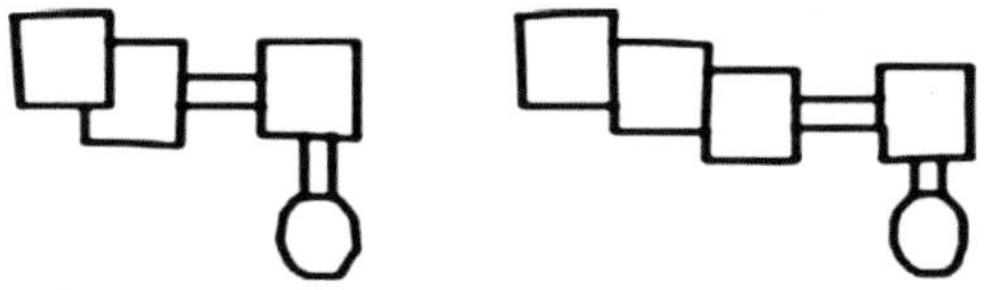
大学及 中小学	教学建筑	
	行政办公	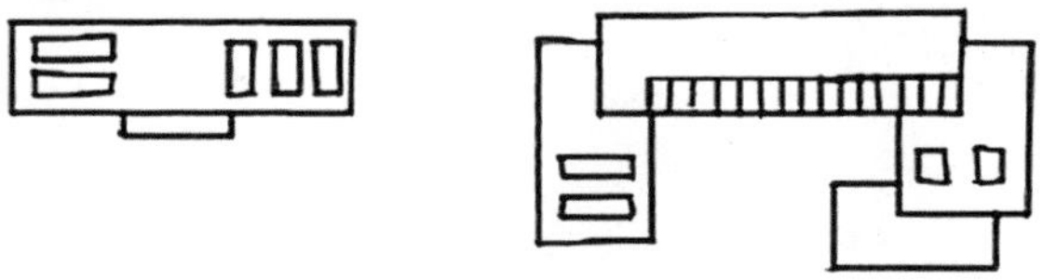
	宿舍	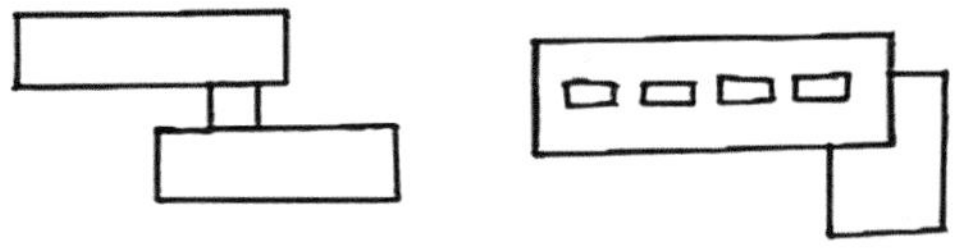
	食堂	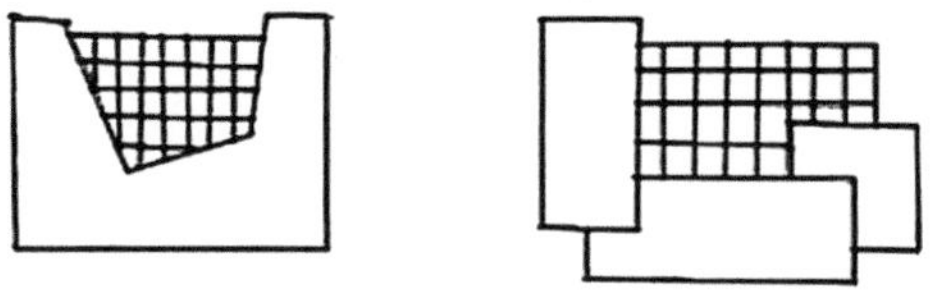
	学生活 动中心	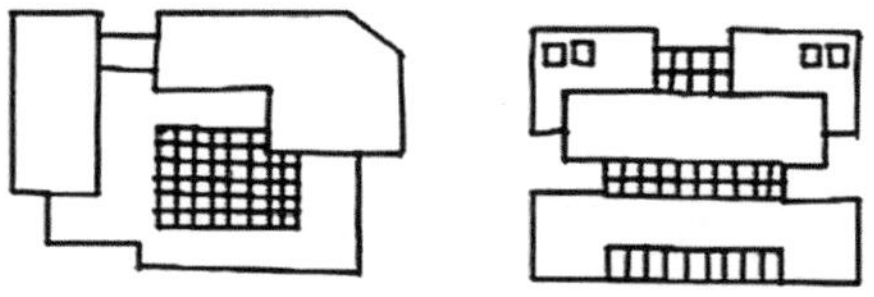
	体育馆	
	风雨操场	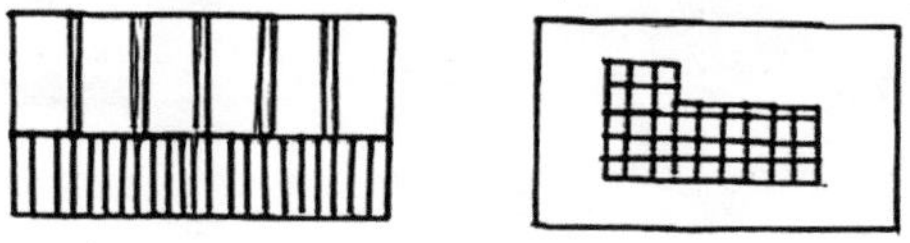

3.1.3 商业办公建筑

3.1.3.1 分类

办公建筑以办公功能为主，分为多层和高层两类。多层通常在 6 层以下，以普通办公、会议为主，平面形式自由，进深一般为 10～25 m，容积率为 0.5～2.0；6 层以上为高层，建筑形式通常以点式为主，兼顾商业、娱乐、写字楼等功能，标准层面积为 1 000～2 000 m^2，建筑有主次出入口，容积率为 2.0～3.0（图 3-7）。

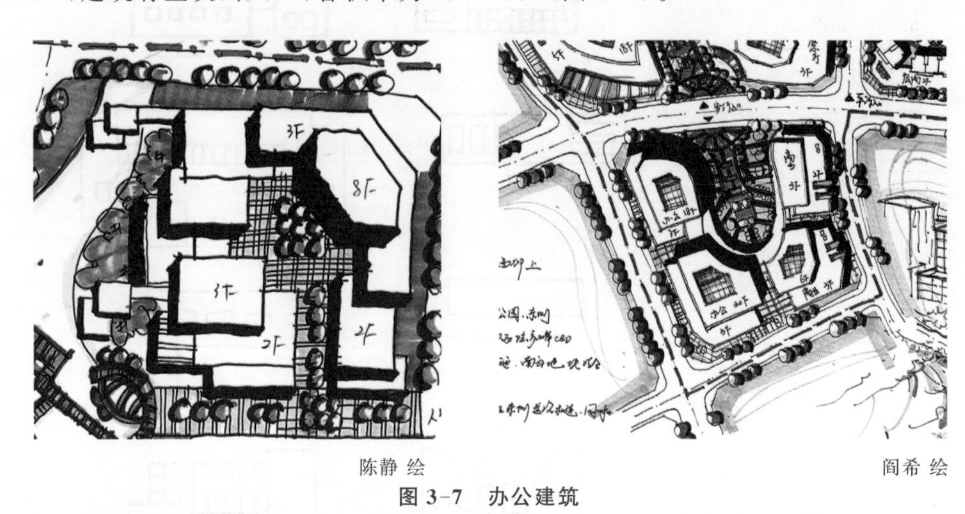

陈静 绘　　阎希 绘

图 3-7 办公建筑

商业建筑大致可以分为大型商场、商业步行街及酒店三类。

大型商场兼具购物中心、市场、娱乐、休闲等功能，建筑形式多样，一般结合高层写字楼或者高层酒店布局。建筑层数多为 4～5 层，用地面积 5 000 m^2 左右，有庭院的大型商业进深一般大于 60 m，无中庭的进深小于或者等于 60 m（图 3-8）。

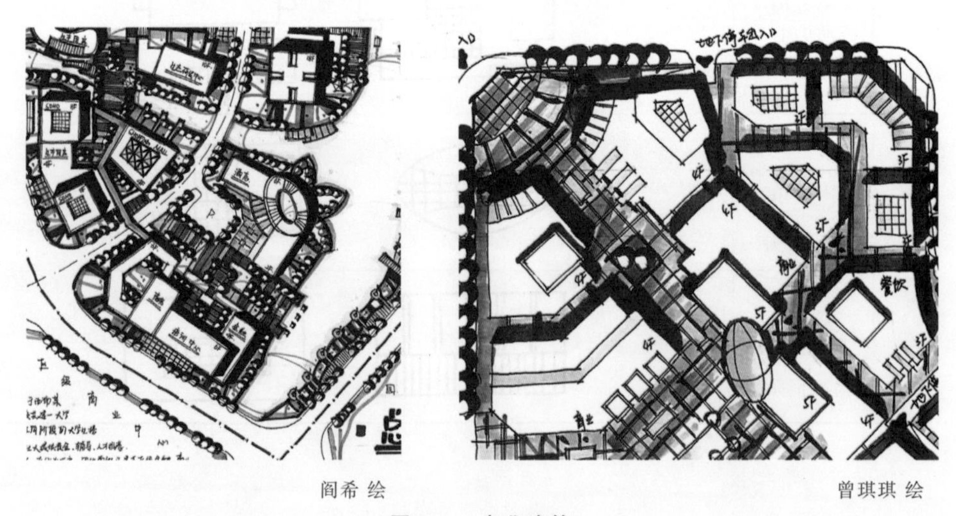

阎希 绘　　曾琪琪 绘

图 3-8 商业建筑

商业步行街形式灵活，需要结合用地现状来布置，可以是仿古式、西式、中西结合式等，一般控制在长度 300～600 m，宽度 10～20 m 为宜。沿街建筑高度多为 1～4 层，并且每隔

150～200 m 设置节点或庭园，以便于游客休憩(图 3-9)。

陈静 绘

图 3-9 商业步行街

酒店类建筑需要根据酒店星级的不同和国家建设标准来设置，酒店房间小于 300 间为小型酒店，300～600 间为中型酒店，大于 600 间为大型酒店，标准层面积为 1 000～1 500 m^2，并设有主入口和后勤入口(图 3-10)。

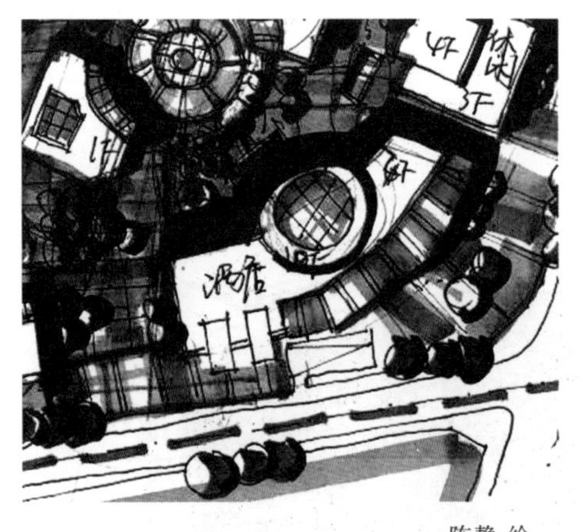

陈静 绘　　曾琪琪 绘

图 3-10 酒店建筑

3.1.3.2 总平面形态

常见商业办公建筑总平面形态如表 3-3 所示。

表 3-3 商业办公建筑总平面形态

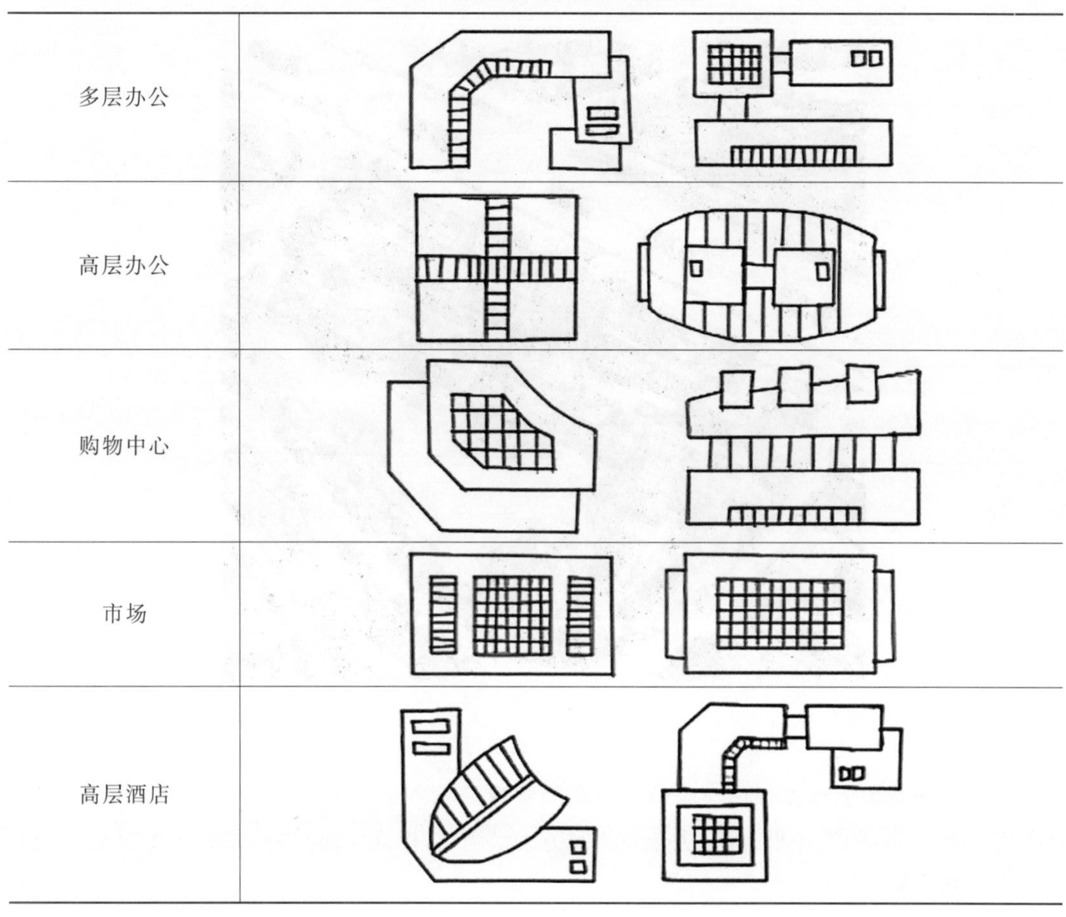

3.1.4 文化创新建筑

文化创新建筑包括文化馆、博物馆、图书馆、影剧院、会展中心等，需要根据当地的文化环境和用地条件来考虑建筑的形式、色彩、面积。一般文化创新建筑形式较灵活，建筑特色比较突出(图 3-11～3-13)。

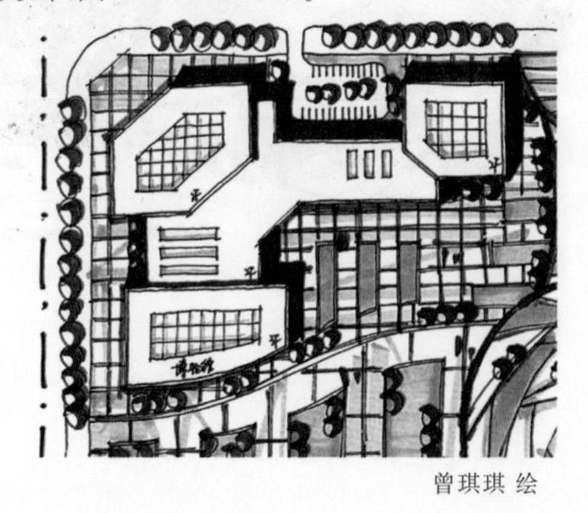

曾琪琪 绘

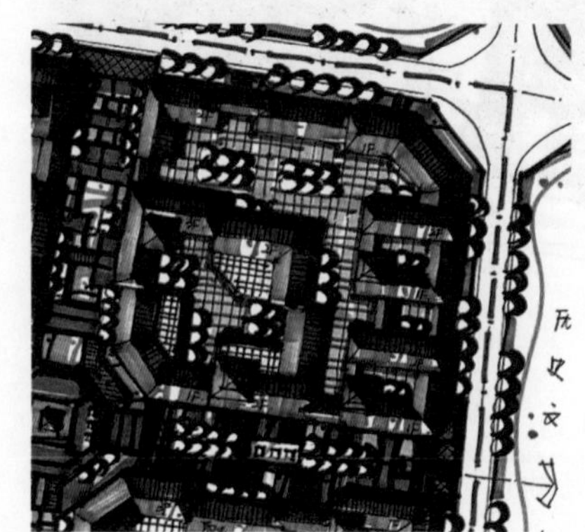

曾琪琪 绘

图 3-11 博物馆

陈静 绘

图 3-12　文化馆

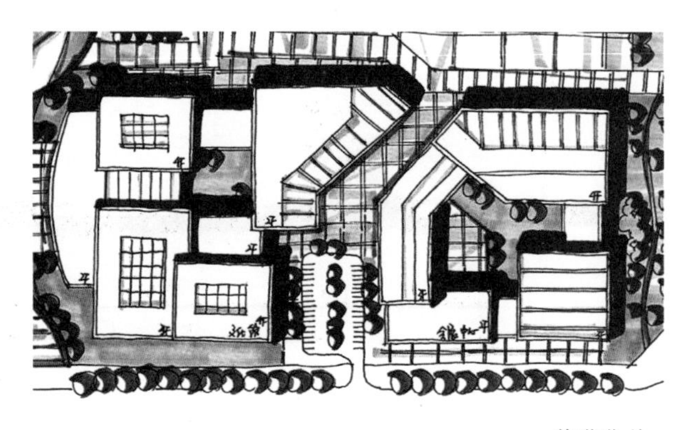

曾琪琪 绘

图 3-13　文化馆与会展中心

3.2　道路与交通设施

3.2.1　道路

道路是城市的脉络,是一个片区形成的主要结构要素。道路等级需主次分明,道路路网安排需清晰合理,要既方便车辆行驶停放,又便于居民出行交往,同时还要充分考虑人流和车流分布情况,充分为残疾人及老幼人群利益考虑,进行盲道和无障碍坡道设计。

3.2.1.1　城市主要道路

以道路在城市道路网中的地位和交通功能为基础,同时考虑其对沿线的服务功能,将城市道路分为四类(表 3-4)。

(1) 快速路

快速路主要联系市区各主要地区、主要近郊区、卫星城镇、主要对外公路,又称汽车专用道,是城市对外联系的主要道路,车速快、通行能力强。快速路设有中央分隔带,具有 4 条以上机动车道,全部或部分采用立体交叉控制出入(图 3-14)。

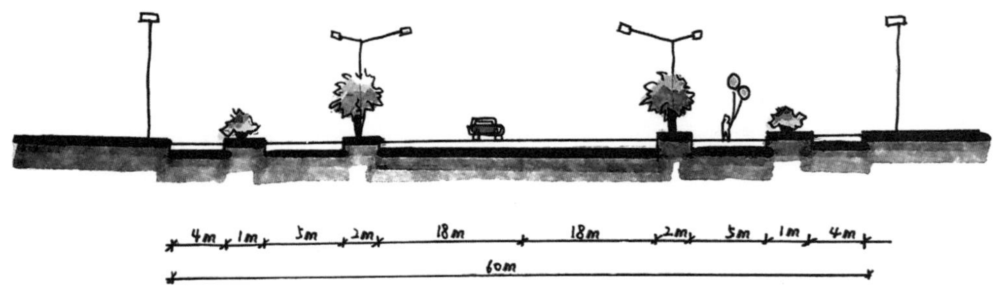

张燕琦 绘

图 3-14　60 m 宽快速路断面

(2) 主干道

主干道主要联系城市中的主要工矿企业、主要交通枢纽和全市性公共场所等,为城市主要客货运输路线,一般红线宽度为 30～40 m。为避免影响道路通行能力,主干道沿线两侧不宜设置过多的行人和车辆出入口(图 3-15)。

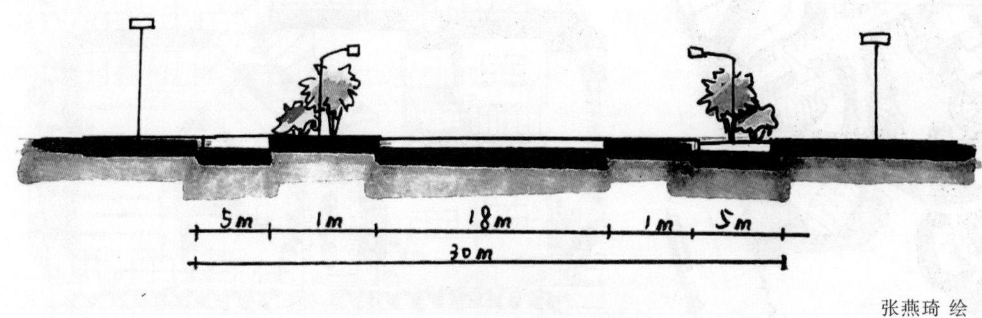

图 3-15　30 m 宽主干道断面

(3) 次干道

次干道主要连接城市各分区,以交通功能为主,与主干道配合形成城市干道网,一般红线宽度为 20～24 m。

(4) 支路

支路主要是各街坊之间的联系道路、次干道与小区路的连接道路,直接与两侧建筑物出入口相接,以服务功能为主,一般红线宽度为 14～18 m。

表 3-4　城市道路分类

类型	快速路	主干道	次干道	支路
设计时速(km/h)	60～80	40～60	40	30
车道数量(个)	6～8	6～8	4～6	3～4
机动车道宽度(m)	3.75	3.5	3.5	3.5
道路总宽(m)	40～70	30～40	20～24	14～18
分隔带设置	必设	应设	可设	不设
道路横断面形式(图 3-16)	当快速路两侧设置辅路时,应采用四幅路;当两侧不设置辅路时,应采用两幅路	宜采用四幅路或三幅路	宜采用单幅路或两幅路	宜采用单幅路

3.2.1.2　区域内部道路

区域内部道路指具有明确边界的区域内的道路,包括区域内的主要道路、次要道路、宅前路。

3.2.1.3　人行道路

人行道路是满足人们步行需求的道路,城市道路人行道、滨水步行道、组团绿地步行道等共同构成步行交通系统。

3.2.2　交通设施

3.2.2.1　停车场

停车场包括地下停车场与地上停车场两大类。停车场应结合城市规划布局和道路交通组织的需要进行布置。地上停车场根据场地平面位置的不同,分为路边停车场和集中停

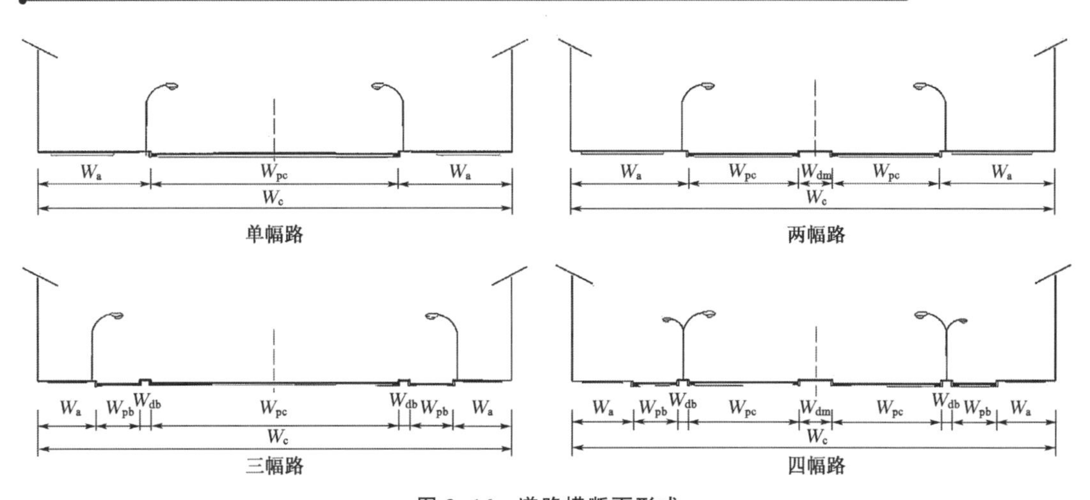

图 3-16 道路横断面形式

[引自《城市道路工程设计规范》(CJJ 37—2012)]

车场;根据车辆的停放方式可以分为平行式、垂直式、斜列式等(图 3-17);根据使用对象的不同,可以分为社会停车场、专用停车场和配建停车场。社会停车场主要位于中心商业区、城市功能体出入口干道沿线及大型公交换乘枢纽附近;专用停车场选址不能超出所属部门的用地范围;配建停车场应该紧邻主体建筑并且间距在 100 m 之内。

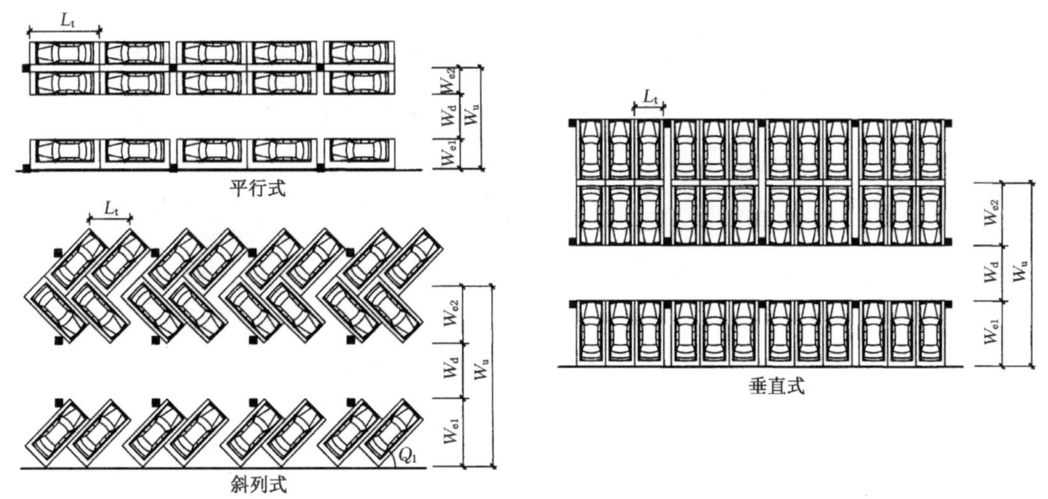

图 3-17 机动车停放方式

[引自停车场规划设计规则(试行)]

注:W_u 为停车带宽度;W_{e1} 为停车位毗邻墙体或连续分隔物时,垂直于通(停)车道的停车位尺寸;W_{e2} 为停车位毗邻时,垂直于通(停)车道的停车位尺寸;W_d 为通车道宽度;L_t 为平行于通车道的停车位尺寸;Q_t 为机动车倾斜角度。

停车场的设置原则应该根据不同的使用主体而定。比如,对于大型集会广场,要按照分区布置的原则来确定停车场的位置。特大型、大型、中型停车场出入口应设置在城市次干道上,不与主干道直接相连,交通繁忙的干道禁止停车场车辆在高峰期左转出入。停车场的设置要减少对环境安静区域的影响,与医院、学校、幼儿园及疗养院要有一定的间距,必要时设隔离带。

3.2.2.2 回车场

尽端式车行道长度超过 35 m 应设不小于 12 m×12 m 的回车场,且车行道长度不宜大于 120 m。对于高层建筑小区，尽端式道路回车场不宜小于 15 m×15 m；如果是供重型消防车使用的回车场，其面积不应小于 18 m×18 m。

3.3 节点设计

节点是视线所汇聚的地方，是构成景观体系的重要元素。节点应根据使用功能、区位条件等确定主题，一般大型项目都会设置多个节点，在突出各部分特色的同时将全局串联在一起。节点不是某一场地的标志物，而是有一定面积的地块。快题设计中的节点要主次分明，主要节点重点表达，次要节点次要表达，才能设计出丰富的景观（图 3-18）。节点类型包括出入口节点、滨水区节点、广场节点、私密空间节点等。

3.3.1 出入口节点

出入口节点具有开敞性，主要功能在于展示形象，引导人流、车流，在设计中常作为次要节点。出入口设计需考虑出入口空间与整体空间的交通关系、景观结构关系、景观元素关系。出入口节点若在明显的景观轴线上，出入口空间在整个项目中的地位将提升，但仍需主次分明。景观元素的运用应使出入口空间规划与整体规划相协调，即整体统一而富有变化，且变化不会破坏整体性（图 3-19）。

陈静 绘

陈静 绘

图 3-18 节点景观

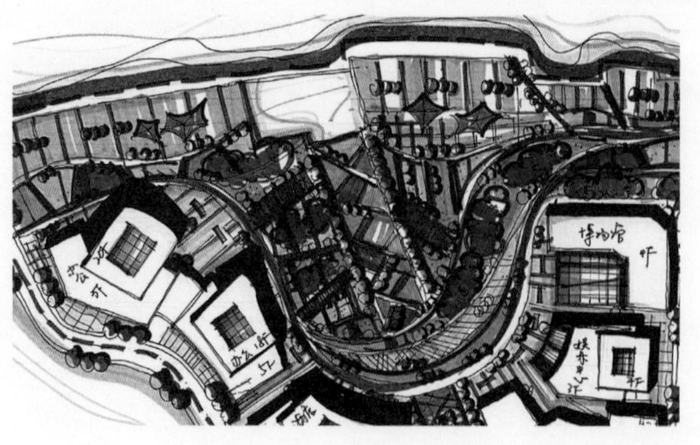

陈静 绘

图 3-19 出入口节点

3.3.2 滨水区节点

滨水区是陆域与水域相连的一定区域，滨水区设计可分为河滨设计、湖滨设计、江滨设计、海滨设计。滨水区设计着重于利用水体构建人工构筑物，改造周边环境，满足人们游憩、观赏需求。滨水区可设置多个景观点，通常情况下，某个滨水节点将会作为景观轴线上的主要节点(图 3-20)。

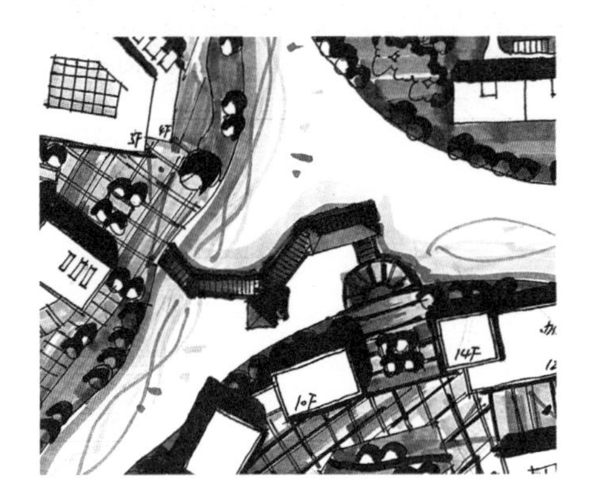

曾琪琪 绘

陈静 绘

图 3-20 滨水区节点

3.3.3 广场节点

广场是根据整体空间环境特点设计的公共领域，常用大面积铺装与绿色植物、趣味水景等结合设计，目的是为大众提供休闲娱乐的地方。规划地块可设置多个不同主题的广场，但需明确主次，中心广场节点只设一个(图 3-21、3-22)。

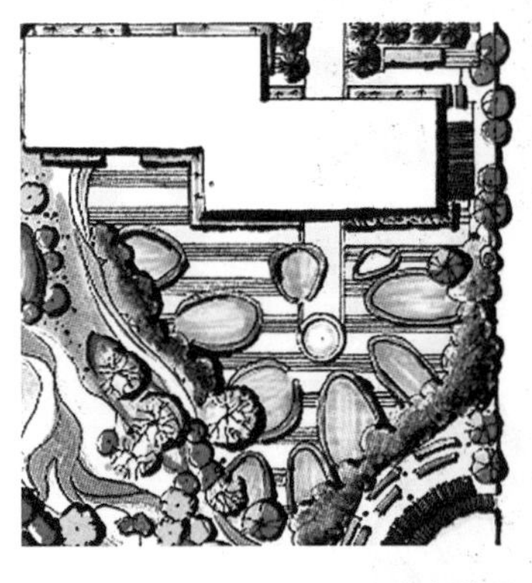

兰雪珍 绘

兰雪珍 绘

图 3-21 文化广场

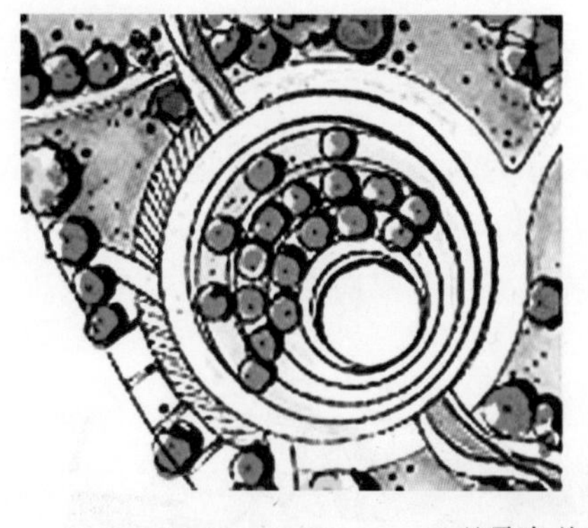

兰雪珍 绘

兰雪珍 绘

图 3-22　小广场

3.4　景观环境

3.4.1　铺装

地面铺装具有分割空间、引导视线、体现主题的作用。为满足各种空间性质和功能需求，在快题设计中应通过纹样、色彩、尺度铺装的合理搭配表达不同类型的道路、广场。铺装场地是人们休闲活动的主要场所，其色彩的选择应避免过于艳丽，选择清新亮丽的颜色有利于活动人群保持平和舒适的心态。从生态角度出发，铺装的面积不宜过大(图 3-23)。

曾琪琪 绘

邱蝉 绘

曾琪琪 绘

图 3-23　铺装样式

3.4.2 绿化

绿化是建筑外部空间环境的重要组成元素，其功能在于美化环境、分隔空间(图 3-24)。绿化空间类型包括公共绿地、庭院绿地、街道绿地、防护绿地等(图 3-25)。快题设计中常用的绿化形式包括草地、花圃、灌木丛、景观树、行道树等，植物的种植设计要注意虚实变化和留白，植物层次和色彩的搭配。多样的植物配置形式能够凸显环境设计风格，丰富图面层次感，但用植物来填满图幅的手法是不可取的。

陈静 绘

图 3-24 丰富的植物配置形式

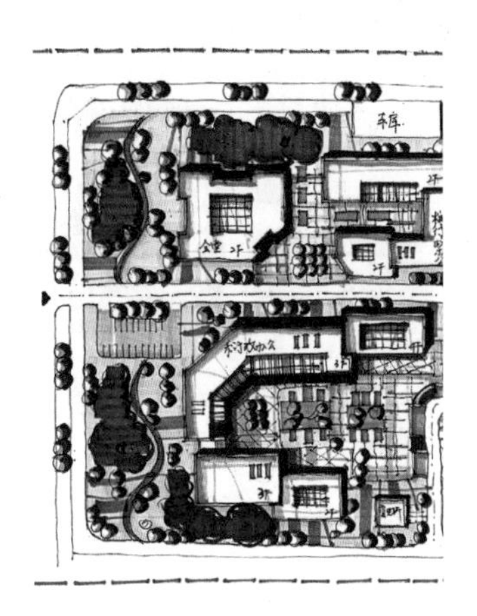

曾琪琪 绘

图 3-25 绿化类型

3.4.3 水体

水体没有固定的形态，灵活、流动的水体能够组织景观，引导、划分空间，能够优化环境，在增加环境趣味性的同时活跃画面效果。自然式水体设计主要体现在水岸线的设计上，水体平面自然曲折，多与绿化布置结合。规则式水体通常与以硬质铺地为主的广场和步行道路相结合。

滨水空间可以做成滨水步行道、游船码头、亲水平台、滨水广场、滨水景观亭、生态岛、垂钓平台、湿地、水幕电影放映场、音乐喷泉展示等。

水体的处理方法，大致分为以下几类。

① 大面积湖泊或较宽的河流等对地块视线影响较大的水体的处理方法，一般是设计可指向水体的联系通道，如亲水平台、栈道；设计供游客休闲的滨水步行道。设计时，地块内部形成与水体边缘相呼应的界限，强化河道的曲线美，地块内部的建筑由低到高由水岸向远处展开，形成开阔的湖面视野(图 3-26)。

② 从地块内部穿过，河道较窄、水流缓慢的河流的处理方法，通常是设计多条沿河步行通道，沿水体规划核心节点，形成滨水步行系统。地块内部为组团式布局，并利用河流来分隔各个组团，建筑布局呈现邻水低、远水高的状态(图 3-27)。

曾琪琪 绘

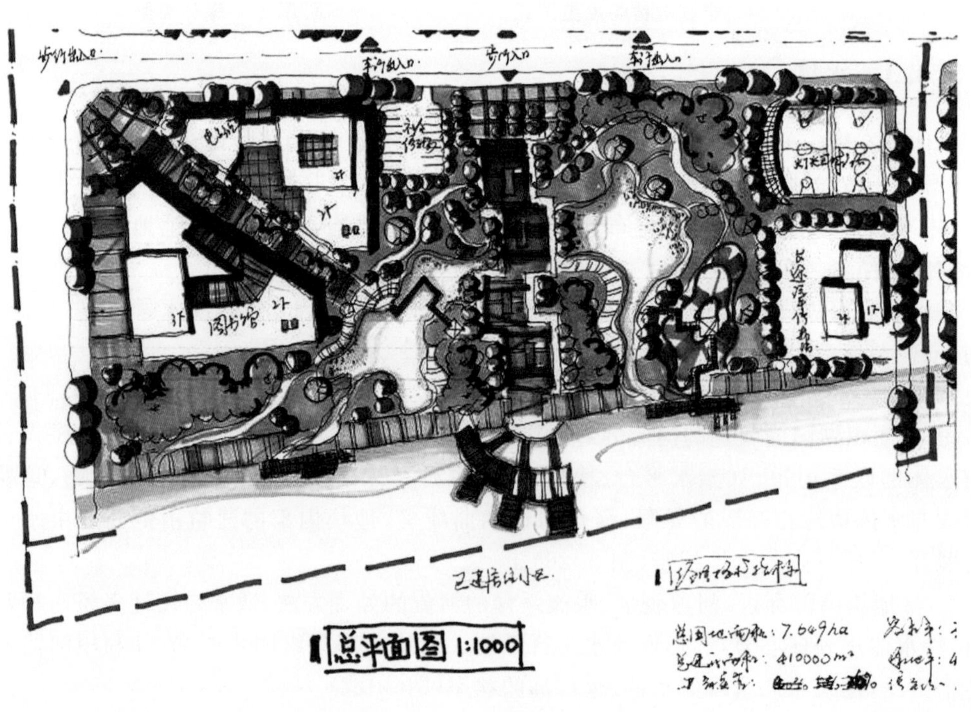

陈静 绘

图 3-26　大面积水体设计

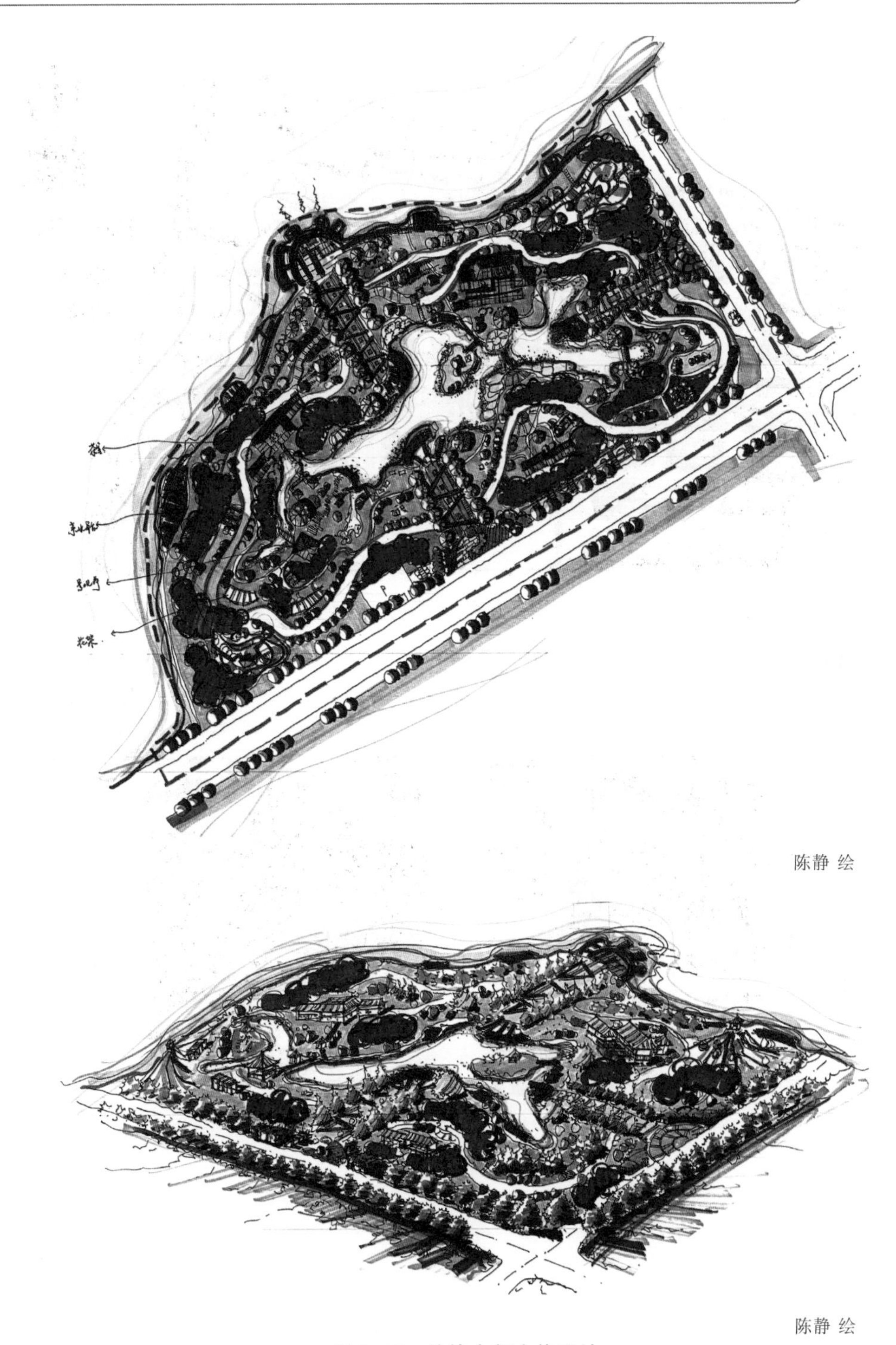

陈静 绘

陈静 绘

图 3-27 地块内部水体设计

③ 合理利用水景和各种景观元素的关系，表达设计的意图。当地块中不存在水体时，可将水体引入地块内部，如规划几何式或仿天然式人工水景作为纽带联系零散的景点，完善构图，表达构思立意(图 3-28)。仿天然式人工湖平面形式以天然曲线为主，结合周边地形进行设计(图 3-29)。

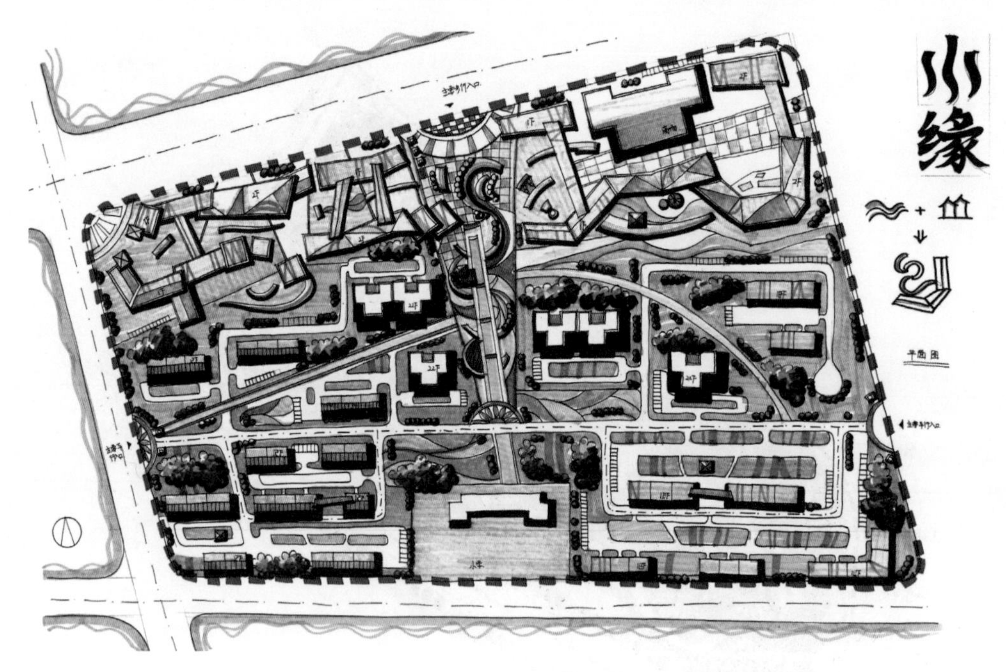

张燕琦 绘

图 3-28 几何式水体纽带

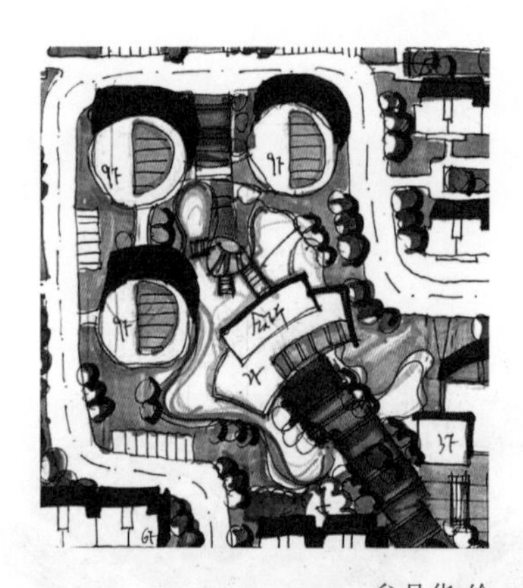

牟月华 绘

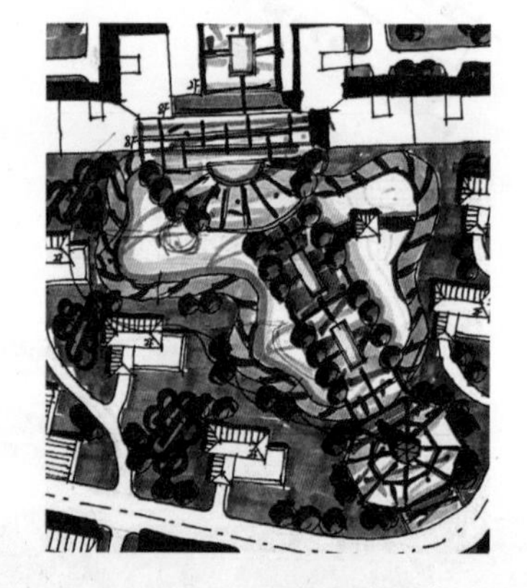

牟月华 绘

图 3-29 仿天然式人工水景

3.4.4 山体

山体是快题设计中经常出现的元素之一，合理地运用好山体能使我们的设计更加丰富。快题设计中山体所处位置的不同，对其处理手法也有很大的差异。

当山体位于地块内部时，适宜建设用地一般选在山脚较平坦处，建筑大致沿等高线平行布置（图 3-30）。居住类建筑要考虑车行道的设置问题，山体内部道路多以步行道为主，重点是处理好山上和山下的步行流线；也可以考虑将其打造成地块中心节点，进行重点处理和设计。当山体位于地块外部时，要找到外围山体的制高点和景观节点，考虑景观视线和景观渗透关系，使主入口、节点空间与山体形成对景（图 3-31）。

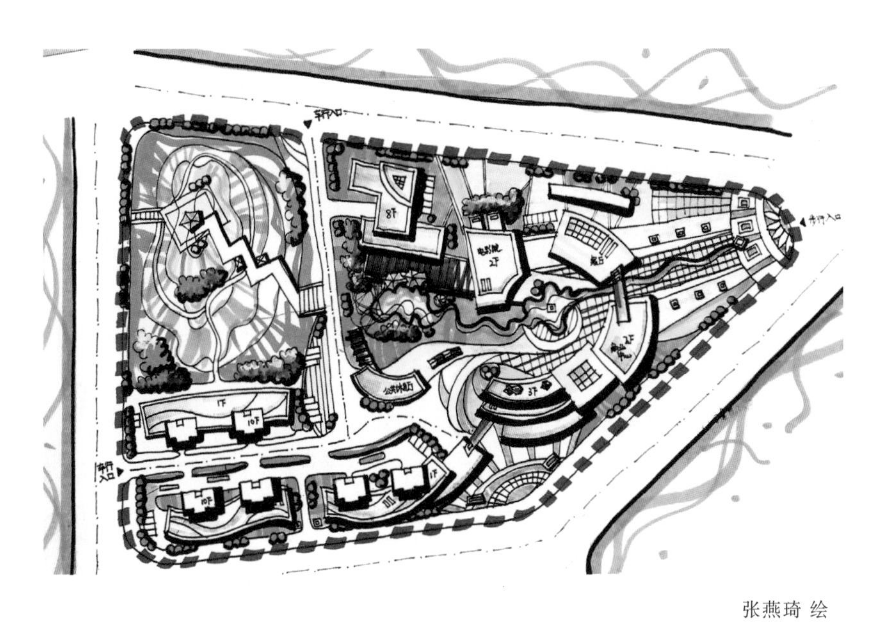

张燕琦 绘

图 3-30　山体位于地块内部

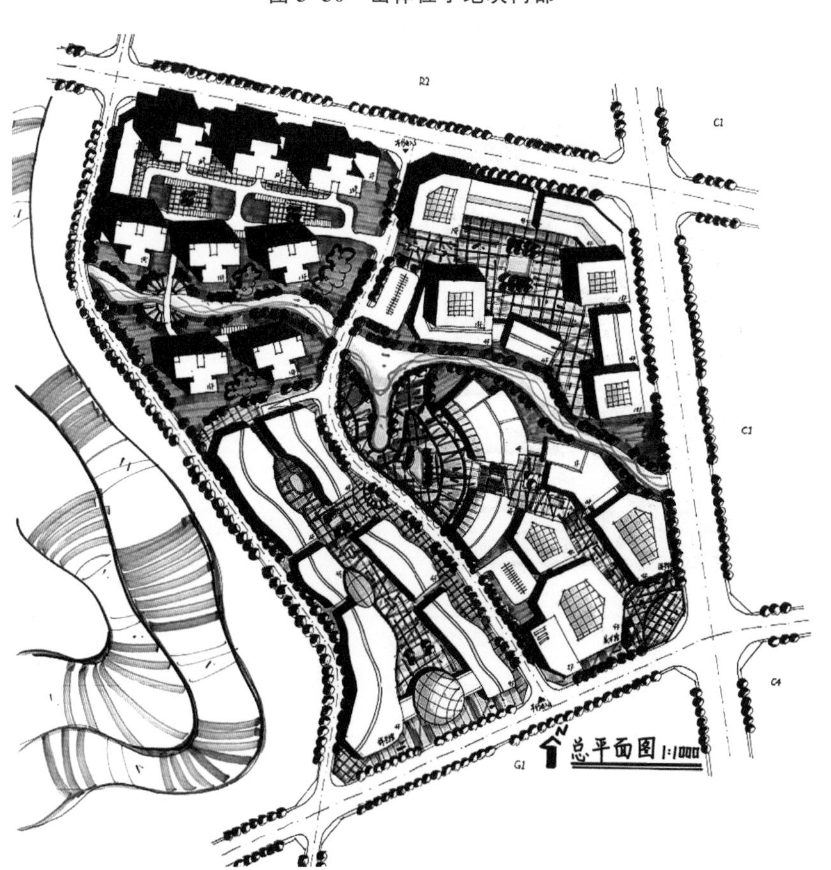

曾琪琪 绘

图 3-31　山体位于地块外部

4　现行国家规范在快速设计中的实践

4.1　道路交通规划设计规范

4.1.1　居住区中的道路交通规划设计规范

居住区中的道路交通规划设计规范参考《城市居住区规划设计规范》(GB 50180—93)(2002 版)、《住宅建筑规范》(GB 50368—2005)。其按照等级划分为居住区道路、小区路、组团路和宅间小路四级(图 4-1)。各级道路的宽窄应符合下列规定。

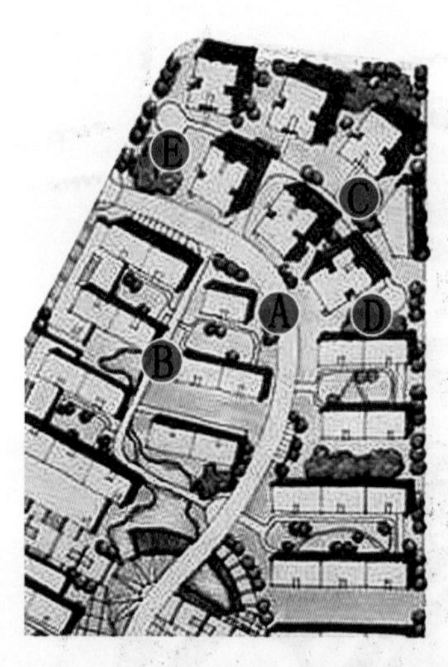

规划道路分级明确，A 点所在道路为小区路，宽约 12 m，B 点所在道路为组团路，道路宽度约为 5 m，C 点所在道路为宅间小路，路面宽度约为 2.5 m。D、E 两点规划有尽端式回车场。

侯本柳 绘

图 4-1　居住区道路规划

居住区道路：红线宽度不宜小于 20 m。小区路：路面宽 6～9 m；建筑控制线之间的宽度，需敷设供热管线的不宜小于14 m，无供热管线的不宜小于 10 m。组团路：路面宽 3～5 m；建筑控制线之间的宽度，需敷设供热管线的不宜小于10 m，无供热管线的不宜小于 8 m。宅间小路：路面宽不宜小于 2.5 m。

小区内主要道路至少应有两个出入口，至少应有两个方向与外围道路相连。机动车道对外出入口间距不应小于 150 m(图 4-2)。沿街建筑物长度超过 150 m 时，应设不小于 4 m×4 m 的消防车通道。人行出口间距不宜超过 80 m；当建筑物长度超过 80 m 时，应在底层加设人行通道。

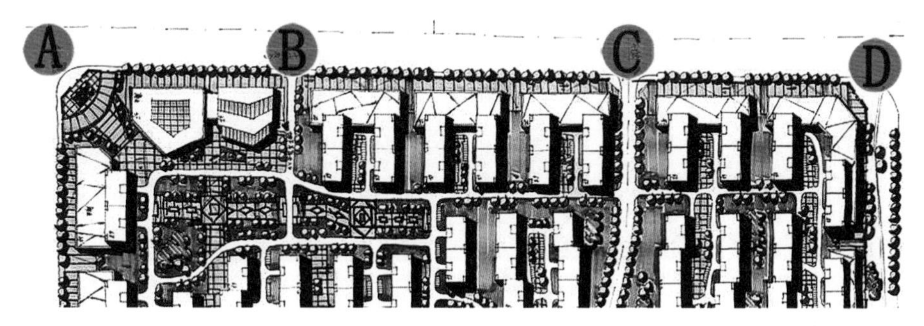

曾琪琪 绘

图 4-2 小区内主要道路设置 1

A、D两点为道路交叉口，B到A点的距离大于70 m，C到D点之间的距离大于70 m。B、C为机动车道对外出入口，两点间的距离大于150 m。

居住区内道路与城市道路相接时，其交角不宜小于75°，当居住区内道路坡度较大时，应设缓冲段与城市道路相接。

进入组团的道路，既应方便居民出行和利于消防车、救护车的通行，又应维护院落的完整性和利于治安保卫。在居住区内公共活动中心，应设置残疾人通行的无障碍通道。通行轮椅车的坡道宽度不应小于2.5 m，纵坡坡度不应大于2.5%。当居住区内用地坡度大于8%时，应辅以梯步解决竖向交通，并宜在梯步旁附设推行自行车的坡道。

居住区内道路设置应符合下列规定：①双车道道路的路面宽度不应小于6 m，宅前路的路面宽度不应小于2.5 m。②当尽端式道路的长度大于120 m时，应在尽端设不小于12 m×12 m的回车场地。

居住区内道路边缘至建筑物、构筑物的最小距离，应符合表4-1中的规定(图4-3)。

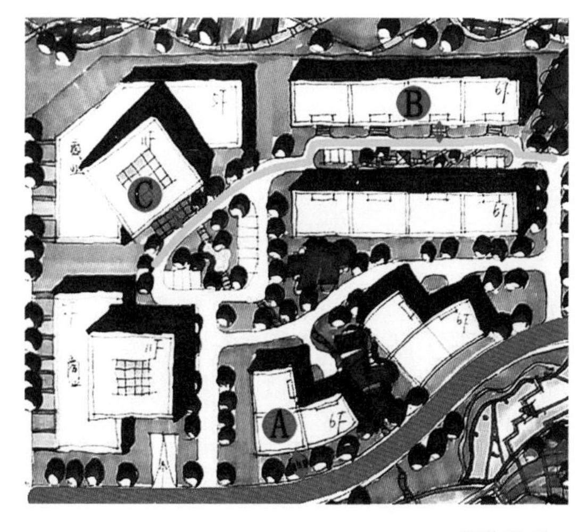

图中紫线标示小区路，黄线标示组团路，多层建筑A(无出入口)到小区道路边缘的距离大于3 m，多层建筑B(有出入口)到组团路的距离大于2.5 m，高层建筑C(有出入口)到组团路的距离大于2.5 m。

张洪巧 绘

图 4-3 小区内主要道路设置 2

表 4-1　道路边缘至建筑物、构筑物的最小距离

道路级别			居住区道路(m)	小区路(m)	组团路及宅间小路(m)
建筑物面向道路	无出入口	高层	5.0	3.0	2.0
		多层	3.0	3.0	2.0
	有出入口		—	5.0	2.5
建筑物山墙面向道路		高层	4.0	2.0	1.5
		多层	2.0	2.0	1.5
围墙面向道路			1.5	1.5	1.5

居住区内公共停车场的设置应符合表 4-2 的规定。停车场车位数的确定以小型汽车为标准当量表示;其他各型车辆的停车位,应按表 4-3 中相应的换算系数折算。

表 4-2　配建公共停车场(库)停车位控制指标

	单位	自行车	机动车
公共中心	车位/100 m^2 建筑面积	≥7.5	≥0.45
商业中心	车位/100 m^2 营业面积	≥7.5	≥0.45
集贸市场	车位/100 m^2 营业面积	≥7.5	≥0.30
饮食店	车位/100 m^2 营业面积	≥3.6	≥0.30
医院、诊所	车位/100 m^2 营业面积	≥1.5	≥0.30

表 4-3　车辆换算系数

车型	换算系数
微型客、货汽车,机动三轮车	0.7
卧车、两吨以下货运汽车	1.0
中型客车、面包车、2～4 t 货运汽车	2.0
铰接车	3.5

4.1.2　城市道路交通规划设计规范

城市道路交通规划设计规范参考《城市道路交通规划设计规范》(GB 50220—95)、《城市道路绿化规划与设计规范》(CJJ 75—97)、《城市道路公共交通站、场、厂工程设计规范》(CJJ/T15—2011)、《城市道路工程设计规范》(CJJ 37—2012)(2016 版)、《民用建筑设计通则》(GB 50352—2005)。

城市公共停车场应分为外来机动车公共停车场、市内机动车公共停车场和自行车公共停车场三类,其用地总面积可按规划城市人口每人 0.8～1.0 m^2 计算。其中,机动车停车场的用地宜为 80%～90%,自行车停车场的用地宜为 10%～20%。市区宜建停车楼或地下停车库。

市内机动车公共停车场停车位数的分布：在市中心和分区中心地区应为全部停车位数的50%～70%；在城市对外道路的出入口地区应为全部停车位数的5%～10%；在城市其他地区应为全部停车位数的25%～40%。

机动车公共停车场的服务半径，在市中心地区不应大于200 m；一般地区不应大于300 m。自行车公共停车场的服务半径宜为50～100 m。

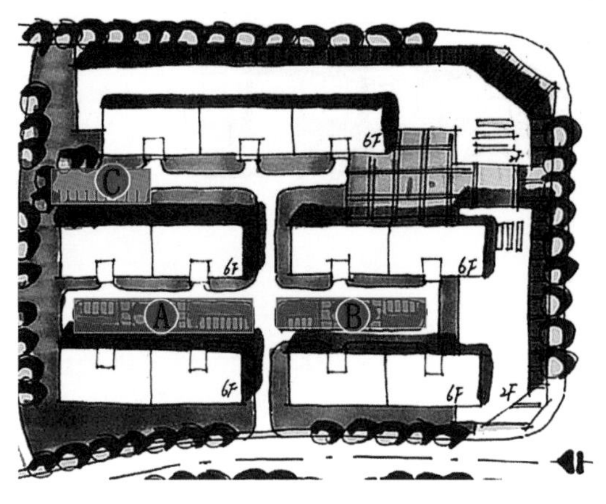

A、B、C三处设有地面停车位，每个停车位的尺寸约为2.5 m×5 m。地面停车场总面积包括停车带面积与通道面积，图中每个停车位的占用面积在25～30 m^2。

曾琪琪 绘

图4-4 地面停车场

机动车公共停车场用地面积，宜按当量小汽车停车位数计算。地面停车场用地面积，每个停车位宜为25～30 m^2（图4-4）；停车楼和地下停车库的建筑面积，每个停车位宜为30～35 m^2。摩托车停车场用地面积，每个停车位宜为2.5～2.7 m^2。自行车公共停车场用地面积，每个停车位宜为1.5～1.8 m^2。

基地机动车出入口位置应符合下列规定：①与城市主干道交叉口的距离，自道路红线交叉点量起不应小于70 m（图4-5）。②距地铁出入口、公共交通站台边缘不应小于15 m。③距公园、学校、儿童及残疾人使用建筑的出入口不应小于20 m。

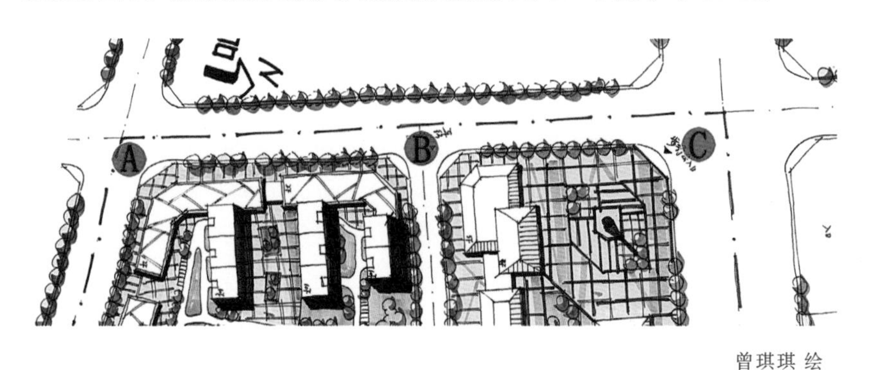

出入口B点与交叉口A、C之间的距离皆大于70 m。

曾琪琪 绘

图4-5 机动车出入口设置

机动车公共停车场出入口的设置应符合下列规定：①出入口应距离交叉口、桥隧坡道起止线50 m以上。②少于50个停车位的停车场，可设一个出入口，宜采用双车道；50～300个停车位的停车场，应设两个出入口；大于300个停车位的停车场，出口和入口应分开设置，两个出入口之间的距离应大于20 m（图4-6）。

规划地下停车场停车位大于300个，A、B分别为地下车库入口、地下车库出口，两点之间距离约150 m，大于20 m。

曾琪琪 绘

图4-6　停车场出入口设置

多层停车库的建筑面积宜按100～113 m^2/标准车确定。其中，停车区的建筑面积宜为67～73 m^2/标准车，保修工间区的建筑面积宜为14～17 m^2/标准车，调度管理区的建筑面积宜为8～10 m^2/标准车，辅助区的建筑面积宜为6～7 m^2/标准车，机动和发展预留建筑面积宜为5～6 m^2/标准车。

地下停车库主要用于停车，其他建筑均安排在地面上。地下停车库的建筑面积按70～85 m^2/标准车确定，其地面建筑另行计算。

快速路上的机动车两侧不应设置非机动车道，机动车道应设置中央隔离带；快速路两侧不应设置公共建筑出入口，快速路穿过人流集中的地区，应设置人行天桥或地下通道。

主干路上的机动车与非机动车应分道行驶，交叉口之间分隔机动车与非机动车的分隔带宜连续。种植乔木的分车绿带宽度不得小于1.5 m；主干路上的分车绿带宽度不宜小于2.5 m；行道树绿带宽度不得小于1.5 m。主、次干路中间分车绿带和交通岛绿地不得布置成开放式绿地。

城市道路规划应与城市防灾规划相结合。地震设防城市，干路两侧的高层建筑应由道路红线向后退10～15 m；道路立体交叉口宜采用下穿式；道路网中宜设置小广场和空地，并应结合道路两侧的绿地，划定疏散避难用地(图4-7)。山区或湖区易受洪水侵害的城市，应设置通向高地的防灾疏散道路，并适当增加疏散方向的道路网密度。

广场设计应按城市总体规划确定的性质、功能和用地范围，结合交通特征、地形、自然环境等进行，应处理好与毗连道路及主要建筑物出入口的衔接，以及和四周建筑物的协调，并应体现广场的艺术风貌。广场设计应按高峰时间人流量、车流量确定场地面积，按人车分流的原则，合理布置人流、车流的进出通道、公共交通停靠站及停车位等设施。

广场竖向设计应根据平面布置、地形、周围主要建筑物及道路标高、排水等要求进行，并兼顾广场整体布置的美观。广场设计坡度宜为0.3%～3.0%；依地形条件可建成阶梯式。与广场相连接的道路纵坡坡度宜为0.5%～2.0%，难以达到时纵坡坡度不应大于7.0%；积雪及寒冷地区坡度不应大于5.0%。广场出入口处应设置在纵坡坡度小于或等于2.0%的缓坡段。

大型、特大型的文化娱乐、商业服务、体育、交通等人员密集的建筑的基地应符合下列规定：①基地应至少有一面直接邻接城市道路，该城市道路应有足够的宽度，以减少人员疏散时对城市正常交通的影响。②基地应至少有两个或两个以上不同方向通向城市道路的(包括以基地道路连接的)出口。③基地或建筑物的主要出入口,不得和快速道路直接连接,也不得直对城市主要干道的交叉口。

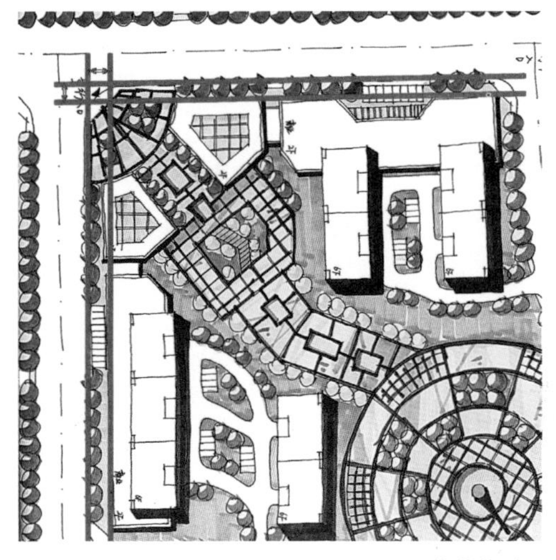

基地为地震后重建地区,规划干路两侧的建筑皆后退了约 10 m(平行红线之间的距离),规划地块中设置了小广场,满足疏散避难的要求。

曾琪琪 绘

图 4-7　地震设防城市道路设置

4.2　防灾减灾规划设计规范

防灾减灾规划设计规范参考《建筑设计防火规范》(GB 50016—2014)。

4.2.1　消防车道

街区内的道路应考虑消防车的通行,道路中心线间的距离不宜大于 160 m。当建筑物沿街道部分的长度大于 150 m 或总长度大于 220 m 时,应设置穿过建筑物的消防车道;确有困难时,应设置环形消防车道。

高层民用建筑,超过 3 000 个座位的体育馆,超过 2 000 个座位的会堂,占地面积大于 3 000 m^2 的商店建筑、展览建筑等单、多层公共建筑,应设置环形消防车道;确有困难时,可沿建筑的两个长边设置消防车道。对于高层住宅建筑和山坡地或河道边临空建造的高层民用建筑,可沿建筑的一个长边设置消防车道,该长边所在建筑立面应为消防车登高操作面。

工厂、仓库区内应设置消防车道。高层厂房,占地面积大于 3 000 m^2 的甲、乙、丙类厂房和占地面积大于 1 500 m^2 的乙、丙类仓库,应设置环形消防车道;确有困难时,应沿建筑物的两个长边设置消防车道。

有封闭内院或天井的建筑物,当内院或天井的短边长度大于 24 m 时,宜设置进入内院或天井的消防车道;当该建筑物沿街时,应设置连通街道和内院的人行通道(可利用楼梯间),其间距不宜大于 80 m。在穿过建筑物或进入建筑物内院的消防车道两侧,不应设置影响消防车通行或人员安全疏散的设施。

占地面积大于 3 0000 m^2 的可燃材料堆场，应设置与环形消防车道相通的中间消防车道，消防车道的间距不宜大于 150 m。液化石油气储罐区，甲、乙、丙类液体储罐区和可燃气体储罐区内的环形消防车道之间宜设置连通的消防车道。消防车道的边缘距离可燃材料堆垛不应小于 5 m。

供消防车取水的天然水源和消防水池应设置消防车道。消防车道的边缘距离取水点不宜大于 2 m。

消防车道应符合下列要求：车道的净宽度和净空高度均不应小于 4.0 m；转弯半径应满足消防车转弯的要求；消防车道与建筑之间不应设置妨碍消防车操作的树木、架空管线等障碍物；消防车道靠建筑外墙一侧的边缘距离建筑外墙不宜小于 5 m；消防车道的坡度不宜大于 8%（图 4-8）。

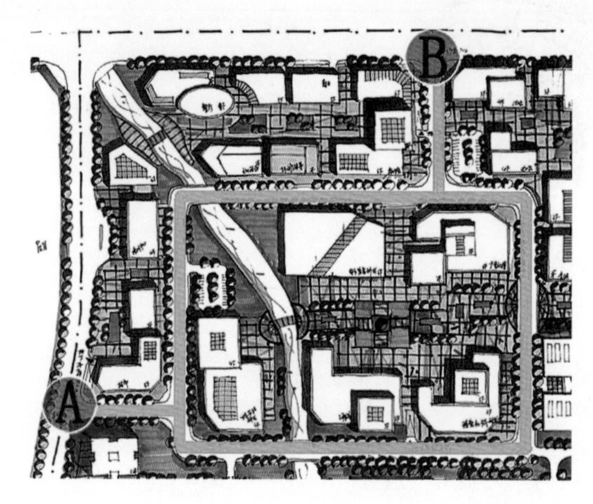

环形消防通道有两处与其他车道连通，出入口分别为 A、B 两点，消防通道宽度为 10 m，大于规范要求的 4 m，消防车道靠建筑外墙一侧的边缘，距离建筑外墙超过 5 m。

曾琪琪 绘

图 4-8　消防车道设置

环形消防车道至少应有两处与其他车道连通。尽头式消防车道应设置回车道或回车场，回车场的面积不应小于 12 m×12 m；对于高层建筑，不宜小于 15 m×15 m；供重型消防车使用时，不宜小于 18 m×18 m。

4.2.2　建筑间防火间距

民用建筑之间的防火间距不应小于表 4-4 的规定。

表 4-4　民用建筑之间的防火间距（m）

建筑类别		高层民用建筑	裙房和其他民用建筑		
		一、二级	一、二级	三级	四级
高层民用建筑	一、二级	13	9	11	14
裙房和其他民用建筑	一、二级	9	6	7	9
	三级	11	7	8	10
	四级	14	9	10	12

4.3 建筑规划设计规范

4.3.1 住宅建筑

住宅建筑规划设计规范参考《城市居住区规划设计规范》(GB 50180—93)(2002 版)、《住宅建筑规范》(GB 50368—2005)、《民用建筑设计通则》(GB 50352—2005)。

住宅间距应以满足日照要求为基础,综合考虑采光、通风、消防、防震、管线埋设、视觉影响等要求确定。

住宅侧面间距应符合下列规定:条式住宅、多层之间不宜小于 6 m(图 4-9);高层与各种层数住宅之间不宜小于13 m(图 4-10)。高层塔式住宅、多层和中高层点式住宅与侧面有窗的各种层数住宅之间,应考虑视觉影响,适当加大间距。

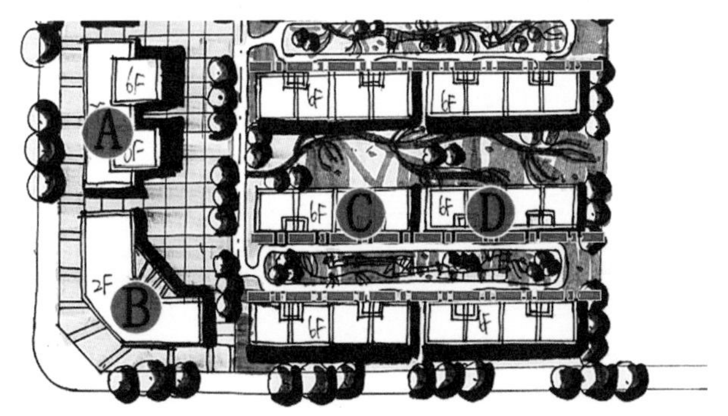

多层建筑 A、B 之间,多层条式建筑 C、D 之间,间距都大于 6 m。图中紫线宽度为组团路道路边缘与多层建筑的距离,规划该距离大于 2 m。

易燕平 绘

图 4-9 住宅侧面间距 1

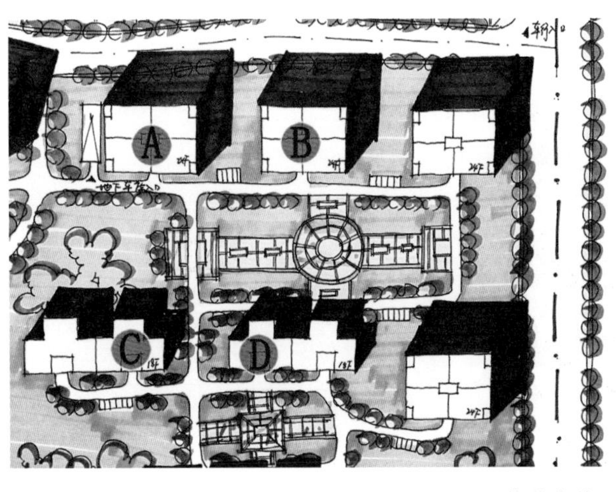

24 层的点式建筑 A、B 之间,18 层的条式建筑 C、D 之间,间距都大于 13 m。

曾琪琪 绘

图 4-10 住宅侧面间距 2

根据城市规划要求和综合经济效益,确定经济的住宅层数与合理的层数结构。

居住区公共服务设施(也称配套公建),应包括教育、医疗卫生、文化、体育、商业服务、金融邮电、社区服务、市政公用和行政管理等 9 类。配套公建的项目与规模，必须与居住人口规模相对应，并应与住宅同步规划、同步建设、同期交付。居住区配套公建的项目配建指标，应按表 4-5 规定的千人总指标和分类指标控制。

表 4-5　公共服务设施控制指标(m^2/千人)

类别＼居住规模		居住区		小区		组团	
		建筑面积	用地面积	建筑面积	用地面积	建筑面积	用地面积
总指标		1 668～3 293 (2 228～4 213)	2 172～5 559 (2 762～6 329)	968～2 397 (1 338～2 977)	1 091～3 835 (1 491～4 585)	362～856 (703～1 356)	488～1 058 (868～1 578)
其中	教育	600～1 200	1 000～2 400	330～1 200	700～2 400	160～400	300～500
	医疗卫生 (含医院)	78～198 (178～398)	138～378 (298～548)	38～98	78～228	6～20	12～40
	文体	125～245	225～645	45～75	65～105	18～24	40～60
	商业服务	700～910	700～910	450～570	100～600	150～370	100～400
	社区服务	59～464	76～668	59～292	76～328	19～32	16～28
	金融邮电 (含银行、邮电局)	20～30 (60～80)	25～50	16～22	22～34	—	—
	市政公用 (含居民存车处)	40～150 (460～820)	70～360 (500～960)	30～120 (400～700)	50～80 (450～700)	9～10 (350～510)	20～30 (400～550)
	行政管理及其他	46～96	37～72	—	—	—	—

住宅区沿街建筑应设连通街道和内院的人行通道(可利用楼梯间)，其间距不宜大于 80 m(图 4-11)。

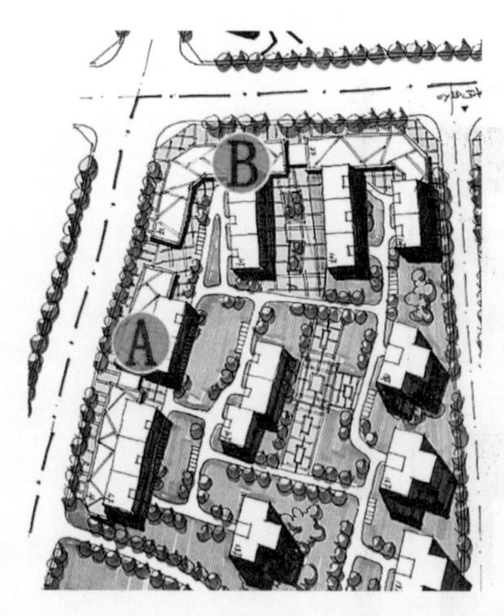

沿街建筑 A 与建筑 B 都设有通往内院的人行通道，且 A、B 建筑之间也设有通道与内院相连。规划中与内院相连的人行通道间距都不超过 80 m。

曾琪琪 绘

图 4-11　沿街建筑通道设置

新区的绿地率不应低于 30%，旧区改建绿地率不宜低于 25%。公共绿地总指标不应少于 1 m^2/人。

4.3.2　汽车客运站建筑

汽车客运站建筑规划设计规范参考《交通客运站建筑设计规范》(JGJ/T 60—2012)。

汽车进站口、出站口应符合下列规定:①一、二级汽车客运站进站口、出站口应分别独立设置,三、四级汽车客运站宜分别设置;进站口、出站口净宽不应小于 4.0 m,净高不应小于 4.5 m。②汽车进站口、出站口与旅客主要出入口应设不小于 5 m 的安全距离,并应有隔离措施。③汽车进站口、出站口与公园、学校、托幼、残障人使用的建筑及人员密集场所的主要出入口距离不应小于 20 m(图 4-13)。④汽车进站口、出站口与城市干道之间宜设有车辆排队等候的缓冲空间,并应满足驾驶员行车安全视距的要求(图 4-12、4-13)。

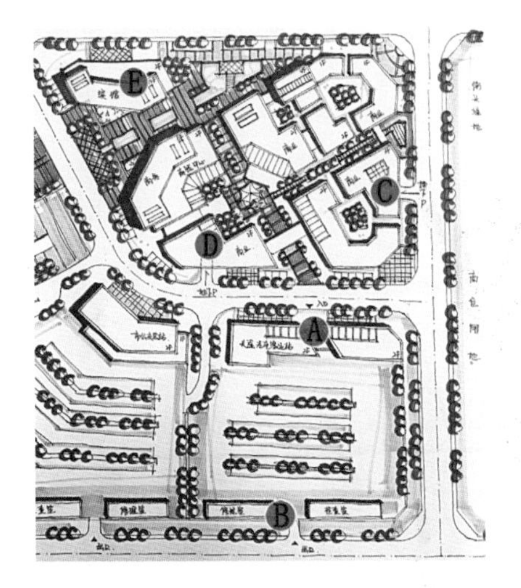

车辆入站口与出站口分别为位于 A、B 两点,地下停车库设置有 C、D 两处出入口,E 点为酒店,设有道路连接基地与城市道路,规划符合规范。

但车辆入站口与旅客主要出入口都设置在 A 处,没有考虑到安全防护距离,且无隔离措施,不符合规范。

曾琪琪 绘

图 4-12　汽车客运站 1

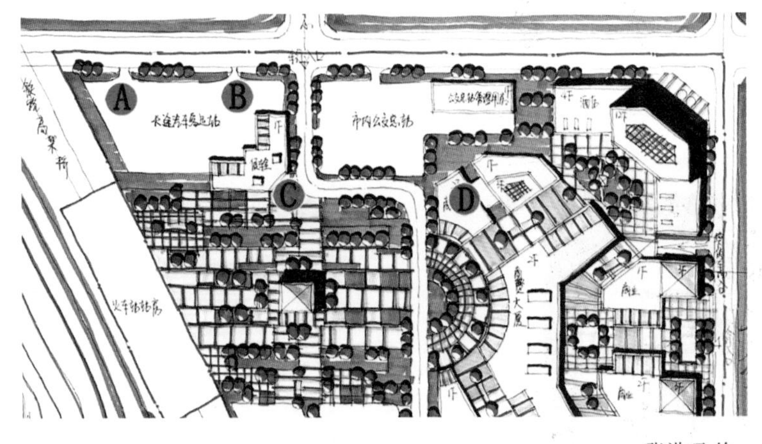

规划分别设置进站口、出站口位于 A、B 两点,旅客进站口与客车出入站口之间的距离大于 5 m,且汽车进、出站口与 D 点人员密集场所的主要出入口间距大于 20 m。

张洪巧 绘

图 4-13　汽车客运站 2

汽车客运站站内道路应按人行道路、车行道路分别设置。双车道宽度不应小于 7.0 m;单车道宽度不应小于 4.0 m;主要人行道路宽度不应小于 3.0 m。

4.3.3 文化馆建筑

文化馆建筑规划设计规范参考《文化馆建筑设计规范》(JGJ/T 41—2014)。

文化馆建筑基地至少应设有两个出入口,且当主要出入口紧邻城市交通干道时,应符合道路规划的要求,并应留出疏散缓冲距离。

文化馆应设置室外活动场地,并应符合下列规定:①应设置在动态功能区一侧,并应场地规整、交通方便、朝向较好。②应预留布置活动舞台的位置,并应为活动舞台及其设施设备预留必要的条件。

文化馆的庭院设计,应结合地形、地貌、场区布置及建筑功能分区的关系,布置室外休息活动场所、绿化及环境景观等,并宜在人流集中的路边设置宣传栏、画廊、报刊橱窗等宣传设施。

基地内应设置机动车及非机动车停车场(库),且停车数量应符合城乡规划的规定。停车场地不得占用室外活动场地(图 4-14、4-15)。

文化馆建筑有 A、B、C 三个出入口,主要出入口 B 紧邻交通干道时,设置有广场作为疏散缓冲地带。

李丹珠 绘

图 4-14 文化馆建筑 1

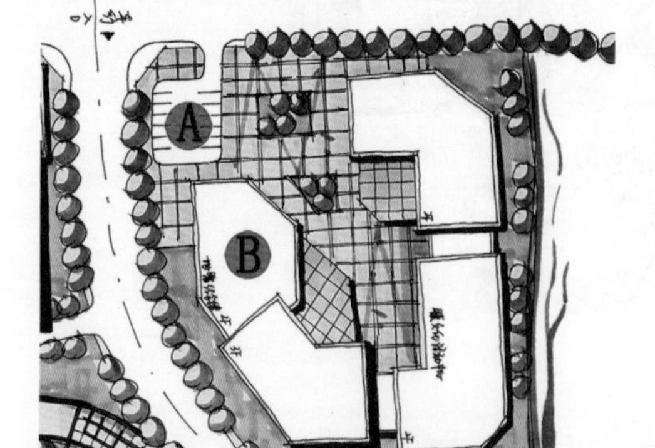

文化馆建筑 B 出入口设置符合规范,规划有大面积铺装广场作为疏散缓冲地带,设置有停车场 A 且未占用室外活动场地。停车场 A 停车位少于 50 个,开设一个出入口,但出入口为双车道宽度。

曾琪琪 绘

图 4-15 文化馆建筑 2

4.3.4　旅馆建筑

旅馆建筑规划设计规范参考《旅馆建筑设计规范》(JGJ 62—2014)。

4.3.4.1　基地

旅馆建筑的基地应至少有一面直接临接城市道路或公路，或应设道路与城市道路或公路相连接(图 4-16)。位于特殊地理环境中的旅馆建筑，应设置水路或航路等其他交通方式到达。

当旅馆建筑设有 200 间(套)以上客房时，其基地的出入口不宜少于 2 个，出入口的位置应符合城乡交通规划的要求。

4.3.4.2　总平面

当旅馆建筑与其他建筑共建在同一基地内或与其他建筑合建时，应满足旅馆建筑的使用功能和环境要求，并应符合下列规定：①旅馆建筑部分应单独分区，客人使用的主要出入口宜独立设置；②旅馆建筑部分宜集中设置；③从属于旅馆建筑但同时对外营业的商店、餐厅等不应影响旅馆建筑本身的使用功能。

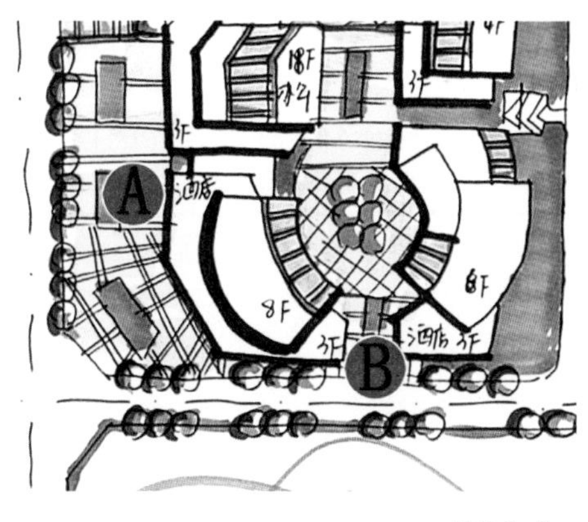

酒店建筑两面与城市道路连接，且有 A、B 两个出入口。

李丹珠 绘

图 4-16　旅馆建筑

旅馆建筑的总平面应合理布置设备用房、附属设施和地下建筑的出入口。锅炉房、厨房等后勤用房的燃料、货物及垃圾等物品的运输宜设有单独通道和出入口。

四级和五级旅馆建筑的主要人流出入口附近宜设置专用的出租车排队候客车道或候客车位，不宜占用城市道路或公路，避免影响公共交通。

4.3.5　办公建筑

办公建筑规划设计规范参考《办公建筑设计规范》(JGJ 67—2006)。

4.3.5.1　基地

办公建筑基地的选择，应符合当地总体规划的要求；宜选在工程地质和水文地质有利、市政设施完善且交通和通信方便的地段；办公建筑基地与易燃易爆物品场所和产生噪声、尘烟、散发有害气体等污染源的距离，应符合安全、卫生和环境保护有关标准的规定。

4.3.5.2　总平面

当办公建筑与其他建筑共建在同一基地内或与其他建筑合建时，应满足办公建筑的使用功能和环境要求，分区明确，宜设置单独出入口(图 4-17)。

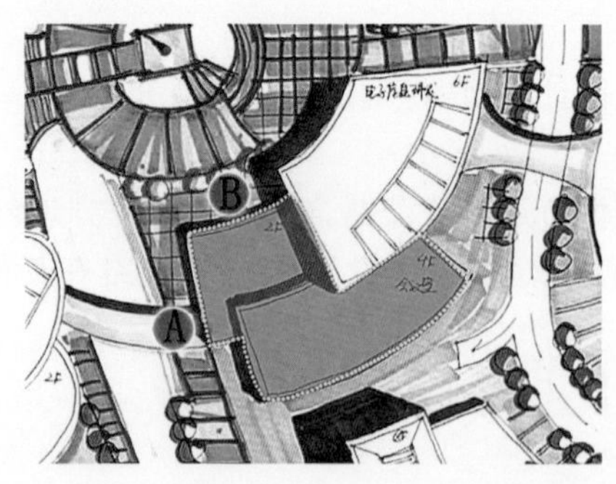

办公建筑与电子研发建筑大楼合建，紫色标示部分为办公建筑，办公建筑在 A、B 两处单独设置出入口。

阎希 绘

图 4-17　办公建筑

办公建筑总平面应合理布置设备用房、附属设施和地下建筑的出入口。锅炉房、厨房等后勤用房的燃料、货物及垃圾等物品的运输应设有单独通道和出入口。基地内应设置机动车和非机动车停放场地(库)。

4.3.6　托儿所、幼儿园

托儿所、幼儿园规划设计规范参考《托儿所、幼儿园建筑设计规范》(JGJ 39—2016)。

4.3.6.1　基地

托儿所、幼儿园应建设在日照充足、交通方便、场地平整、干燥、排水通畅、环境优美、基础设施完善的地段，不与大型公共娱乐场所、商场、批发市场等人流密集的场所相毗邻。应远离各种污染源，并符合国家现行有关卫生、防护标准的要求。园内不应有高压输电线和燃气、输油管道主干道等穿过。

4.3.6.2　总平面

三个班及以上的托儿所、幼儿园建筑应独立设置。两个班及以下时，可与居住建筑合建，但应符合下列规定：幼儿生活用房应设在居住建筑的底层；应设独立出入口，并应与其他建筑部分采取隔离措施；出入口处应设置人员安全集散和车辆停靠的空间；应设独立的室外活动场地，场地周围应采取隔离措施(图 4-18)。

幼儿园设有独立的室外活动场地 A，幼儿园对外交通便利，且远离城市干道与人流密集的场所，B 点设有停车场。

曾琪琪 绘

图 4-18　幼儿园

托儿所、幼儿园室外游戏场地应满足下列要求：每班应设专用室外活动场地，面积不宜小于 60 m^2，各班活动场地之间宜采取分隔措施；室外活动场地应有 1/2 以上的面积在标准建筑日照阴影线之外；应设全园共用活动场地，人均面积不应小于 2 m^2。

托儿所、幼儿园在供应区内宜设杂物院，并应与其他部分相隔离。杂物院应有单独的对外出入口。托儿所、幼儿园基地周围应设围护设施，围护设施应安全、美观，并应防止幼儿穿过和攀爬。在出入口处应设大门和警卫室，警卫室对外应有良好的视野。托儿所、幼儿园出入口不应直接设置在城市干道一侧，并设置供车辆和人员停留的场地，且不应影响城市道路交通。

4.3.6.3 建筑

托儿所、幼儿园中的幼儿生活用房不应设置在地下室或半地下室，且不应布置在四层及以上；托儿所部分应布置在一层。

4.3.7 中小学

中小学规划设计规范参考《中小学校设计规范》(GB 50099—2011)。

4.3.7.1 基地

中小学校应建设在阳光充足、空气流动、场地干燥、排水通畅、地势较高的宜建地段。校内应有布置运动场地和设置基础市政设施的条件。中小学校严禁建设在易发地震、地质塌裂、洪涝等自然灾害及人为风险高的地段和污染超标的地段。中小学校建设应远离殡仪馆、医院的太平间、传染病院等建筑。

城镇小学的服务半径宜为 500 m，城镇初级中学的服务半径宜为 1 000 m。

学校主要教学用房设置窗户的外墙与铁路路轨的距离不应小于 300 m，与高速路、地上轨道交通线或城市主干道的距离不应小于 80 m。当距离不足时，应采取有效的隔声措施。高压电线、长输天然气管道、输油管道严禁穿越或跨越学校校园；当在学校周边敷设时，安全防护距离及防护措施应符合相关规定。

学校周边应有良好的交通条件，有条件时宜设置临时停车场地。学校的规划布局应与生源分布及周边交通相协调。与学校毗邻的城市主干道应设置适当的安全防护设施，以保障学生安全穿越。

4.3.7.2 用地设置

中小学校的体育用地应包括体操项目及武术项目用地、田径项目用地、球类用地和场地间的专用甬路等。设 400 m 环形跑道时，宜设 8 条直跑道。中小学校的绿化用地宜包括集中绿地、零星绿地、水面和供教学实践的种植园及小动物饲养园；其中集中绿地的宽度不应小于 8 m。

4.3.7.3 总平面

中小学校的总平面设计应包括总平面布置、竖向设计及管网综合设计。总平面布置应包括建筑布置、体育场地布置、绿地布置、道路及广场布置、停车场布置等。

各类小学的主要教学用房不应设在四层以上，各类中学的主要教学用房不应设在五层以上。中小学校的总平面设计应根据学校所在地的冬夏主导风向合理布置建筑物及构筑物，有效组织校园气流，实现低能耗通风换气。各类教室的外窗与相对的教学用房或室外运动场地边缘间的距离不应小于 25 m。中小学校应在校园的显要位置设置升旗场地。

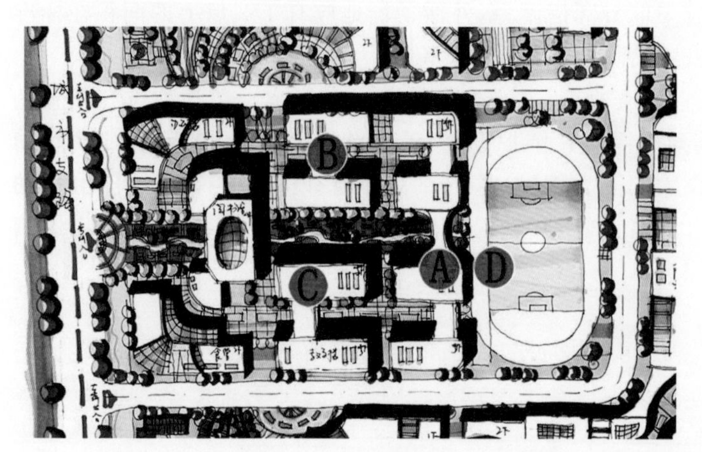

A、B、C 三栋建筑为 5 层的主要教学用房，符合规范。A 栋教学用房与 D 处室外运动场的间距约为 5 m，小于 25 m，不符合规范。

图 4-19　中学校园

中小学校体育用地的设置应符合下列规定：各类运动场地应平整，在其周边的同一高程上应有相应的安全防护空间。室外田径场及足球、篮球、排球等各种球类场地的长轴宜南北向布置；长轴南偏东宜小于 20°，南偏西宜小于 10°。相邻布置的各体育场地间应预留安全分隔设施的安装位置(图 4-19)。

4.3.8　商店建筑

商店建筑规划设计规范参考《商店建筑设计规范》(JGJ 48—2014)。

4.3.8.1　基地

大型商店建筑的基地沿城市道路的长度不宜小于基地周长的 1/6，并宜有不少于两个方向的出入口与城市道路相连接。

4.3.8.2　建筑布局

大型和中型商店建筑的主要出入口前，应留有人员集散场地，且场地的面积和尺度应根据零售业态、流动人数及规划部门的要求确定。大型和中型商店建筑的基地内应设置专用运输通道，且不应影响主要顾客人流，其宽度不应小于 4 m，宜为 7 m。运输通道设在地面时，可与消防车道结合设置。大型商店建筑应按当地城市规划要求设置停车位。在建筑物内设置停车库时，应同时设置地面临时停车位(图 4-20)。

4.3.8.3　步行商业街设置

步行商业街内应设置限制车辆通行的措施，并应符合当地城市规划和消防、交通等部门的有关规定。除应符合现行国家标准《建筑设计防火规范》(GB 50016—2014)的相关规定外，还应符合下列规定：利用现有街道改造的步行商业街，其街道最窄处不宜小于 6 m；新建步行商业街应留有宽度不小于 4 m 的消防车通道；车辆限行的步行商业街长度不宜大于 500 m。

步行商业街的主要出入口附近应设置停车场(库)，并应与城市公共交通有便捷的联系。步行商业街应进行后勤货运通道的流线设计，并不应与主要顾客人流通道混合或交叉(图 4-21)。

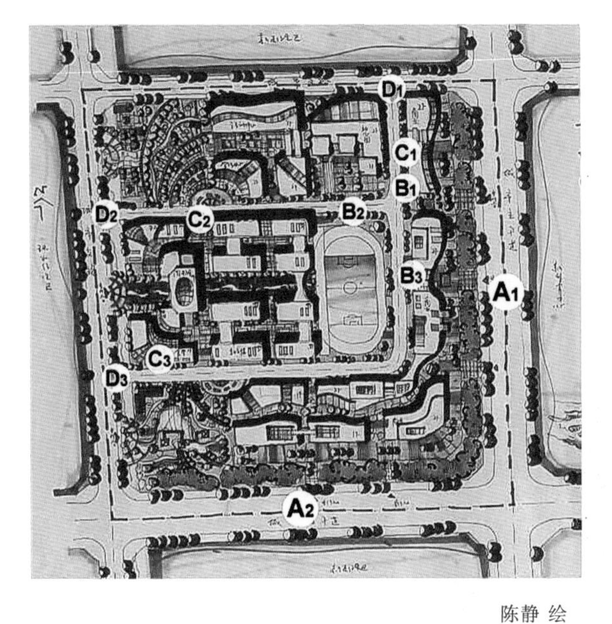

陈静 绘

图 4-20　商店建筑

沿 A_1、A_2 两条街道布置的商店建筑基地设有与消防车道结合设置的单独运输通道，商店建筑主要出入口前留有人员集散场地。图中 B_1、B_2、B_3 为地面停车场，C_1、C_2、C_3 为地下停车场出入口，D_1、D_2、D_3 为车行道出入口，D_2、D_3 两点之间距离大于 150 m。

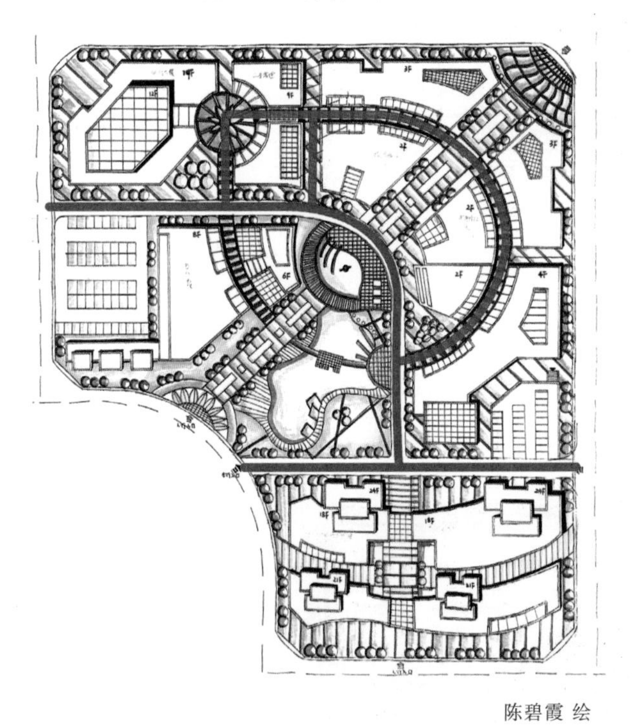

陈碧霞 绘

图 4-21　步行商业街

红线标示道路为车行道，紫线标示部分为新建步行商业街，步行街宽度大于 4 m，且与车行道相连，满足消防车道要求。

4.4　历史文化遗产保护规范

历史文化遗产保护规范参考《历史文化名城保护规划规范》(GB 50357—2005)。

4.4.1 保护界线划定

当历史文化街区的保护区与文物保护单位或保护建筑的建设控制地带出现重叠时，应服从保护区的规划控制要求。当文物保护单位或保护建筑的保护范围与历史文化街区出现重叠时，应服从文物保护单位或保护建筑的保护范围的规划控制要求。

历史文化街区建设控制地带内应严格控制建筑的性质、高度、体量、色彩及形式。位于历史文化街区外的历史建筑群，应按照历史文化街区内保护历史建筑的要求予以保护(图 4-22)。

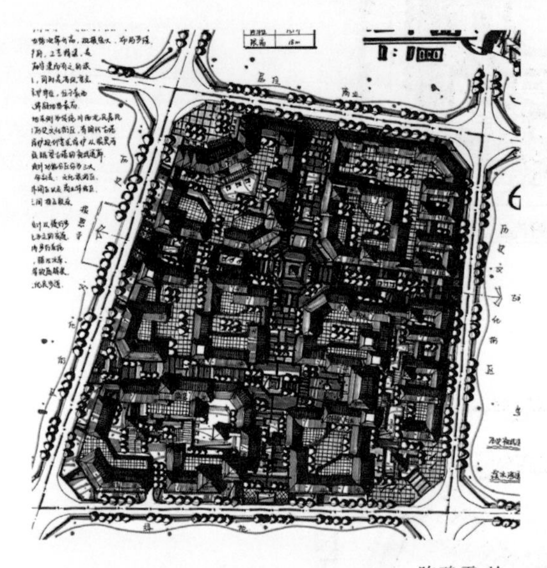

规划严格控制建筑样式、色彩、高度。

陈碧霞 绘

图 4-22　历史文化街区

4.4.2 建筑高度控制

视线通廊内的建筑应以观景点可视范围的视线分析为依据，规定高度控制要求。视线通廊应包括观景点与景观对象相互之间的通视空间，以及景观对象周围的环境(图 4-23)。

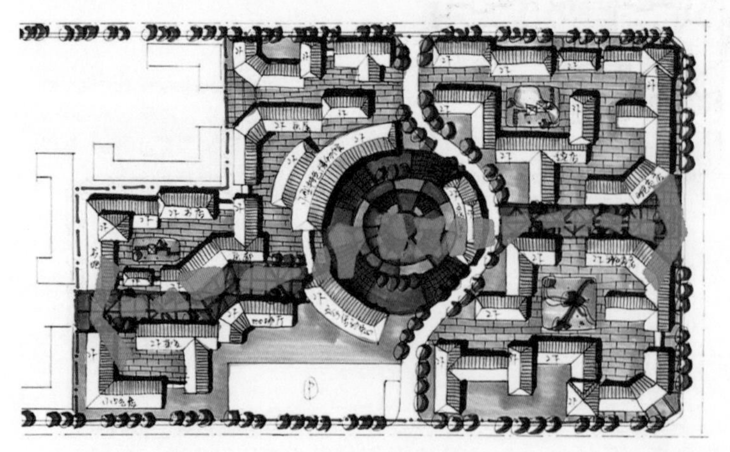

图中绿线标示为景观视线轴，规划建筑为两层，已控制高度，满足视线通廊要求。

李丹珠 绘

图 4-23　历史文化街区建筑高度控制

4.4.3　道路交通

历史城区道路系统要保持或延续原有道路格局，对富有特色的街巷，应保持原有的空间尺度。有历史城区的城市在进行城市规划时，该城市的最高等级道路和机动车交通流量很大的道路不宜穿越历史城区。历史城区内不宜设置高架道路、大型立交桥、高架轨道、货运枢纽。历史城区的交通组织应以疏解交通为主，宜将穿越交通、转换交通布局在历史城区外围。道路及路口的拓宽改造，其断面形式及拓宽尺度应充分考虑历史街道的原有空间特征。历史城区的道路桥梁、轨道交通、公交客运枢纽、社会停车场、公交场站、机动车加油站等交通设施的形式应满足历史风貌要求，其中社会停车场宜设置为地下停车场，也可在条件允许时采取路边停车方式。

4.4.4　市政工程

历史城区内不得布置生产、贮存易燃易爆、有毒有害危险物品的工厂和仓库。不得保留或设置二、三类工业，不宜保留或设置一类工业，并应对现有工业企业的调整或搬迁提出要求。当历史城区外的污染源对历史城区造成大气、水体、噪声等污染时，应进行治理、调整或搬迁。

历史城区防洪堤坝工程设施与自然环境和历史环境相协调，保持滨水特色，重视历史上防洪构筑物、码头等的保护与利用。

4.4.5　保护与整治

历史文化街区增建设施的外观、绿化布局与植物配置应符合历史风貌的要求。

历史文化建筑的保护与整治需符合下表规定(表 4-6)：

表 4-6　历史文化建筑保护与整治方式

分类	文物保护单位	保护建筑	历史建筑	一般建(构)筑物	
				与历史风貌无冲突的建(构)筑物	与历史风貌有冲突的建(构)筑物
保护与整治方式	修缮	修缮	维修改善	保留	整修、改造、拆除

4.4.6　防灾和环境保护

历史文化街区和历史地段内应设立社区消防组织，并配备小型、适用的消防设施和装备。在不能满足消防通道要求及给水管径 DN＜100 mm 的街巷内，应设置水池、水缸、沙池、灭火器及消火栓箱等小型、简易消防设施及装备。在历史文化街区外围宜设置环通的消防通道。

4.5 控制性详细规划的控制性指标

4.5.1 历史文化名城、名镇、名村保护

历史文化名城、名镇、名村保护规范参考《历史文化名城名镇名村保护条例》国务院令第524号。

历史文化名城、名镇、名村应当整体保护，保持传统格局、历史风貌和空间尺度，不得改变与其相互依存的自然景观和环境。

历史文化名城、名镇、名村所在地县级以上地方人民政府应当根据当地经济社会发展水平，按照保护规划，控制历史文化名城、名镇、名村的人口数量，改善历史文化名城、名镇、名村的基础设施、公共服务设施和居住环境。

在历史文化名城、名镇、名村保护范围内从事建设活动，应当符合保护规划的要求，不得损害历史文化遗产的真实性和完整性，不得对其传统格局和历史风貌构成破坏性影响。

4.5.2 四线管理

四线管理规范参考《城市紫线管理办法》中华人民共和国建设部令第119号、《城市黄线管理办法》中华人民共和国建设部令第144号、《城市绿线管理办法》中华人民共和国建设部令第112号、《城市蓝线管理办法》中华人民共和国建设部令第145号。

4.5.2.1 紫线

在城市规划紫线范围内禁止进行下列活动。

① 违反保护规划的大面积拆除、开发；

② 对历史文化街区传统格局和风貌构成影响的大面积改建；

③ 损坏或者拆毁保护规划确定保护的建筑物、构筑物和其他设施；

④ 修建破坏历史文化街区传统风貌的建筑物、构筑物和其他设施；

⑤ 占用或者破坏保护规划确定保留的园林绿地、河湖水系、道路和古树名木等。

⑥ 其他对历史文化街区和历史建筑的保护构成破坏性影响的活动(图4-24)。

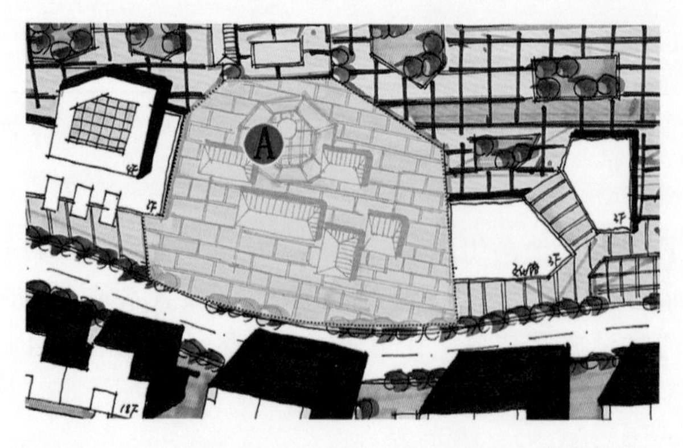

图中黄色覆盖范围内保留有一口古井A与四栋古建筑，快题设计时，划定范围予以保护。

曾琪琪 绘

图4-24 历史文化设施保护

4.5.2.2 黄线

在城市规划黄线范围内禁止进行下列活动。

① 违反城市规划要求，进行建筑物、构筑物及其他设施的建设；

② 违反国家有关技术标准和规范进行建设；

③ 未经批准，改装、迁移或拆毁原有城市基础设施；

④ 其他损坏城市基础设施或影响城市基础设施安全和正常运转的行为(图 4-25)。

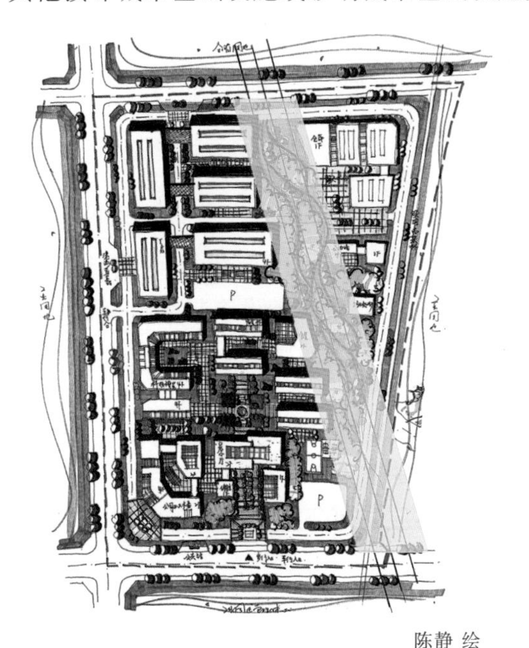

图中黄色覆盖部分为高压走廊，规划时布置为绿化廊道，未设置建筑物、构筑物及其他设施。

陈静 绘

图 4-25 城市规划黄线范围内建设

4.5.2.3 绿线

城市规划绿线范围内的建设要求如下。

① 城市规划绿线内的用地，不得改作他用，不得违反法律法规、强制性标准以及批准的规划进行开发建设；

② 不得违反规定，在城市规划绿线范围内进行相关建设；

③ 因建设或者其他特殊情况，需要临时占用城市规划绿线内用地的，必须依法办理相关审批手续；

④ 在城市规划绿线范围内，不符合规划要求的建筑物、构筑物及其他设施应当限期迁出；

⑤ 任何单位和个人不得在城市规划绿地范围内进行拦河截溪、取土采石、设置垃圾堆场、排放污水以及其他对生态环境构成破坏的活动；

⑥ 近期进行的规划绿地范围内的建设活动，应当进行生态环境影响分析，并按照《城市规划法》的规定，予以严格控制。

4.5.2.4 蓝线

在城市规划蓝线内禁止进行下列活动：

① 违反城市规划蓝线保护和控制要求的建设活动；

② 擅自填埋、占用城市规划蓝线内水域；

③ 影响水系安全的爆破、采石、取土；

④ 擅自建设各类排污设施；

⑤ 其他对城市水系保护构成破坏的活动。

4.6 村庄规划建设规范

村庄规划建设规范参考《乡村公共服务设施规划标准》(CECS 354—2013)、《村庄整治技术规范》(GB 50445—2008)。

4.6.1 选址布局

乡驻地公共服务设施应根据乡驻地总体布局和公共服务设施不同项目的使用性质配置，宜采取集中与分散相结合的规划布局。乡驻地公共服务设施规划应靠近中心、方便服务，结合自然环境、突出乡土特色，满足防灾要求、有利人员疏散。

乡驻地教育机构设施选址应符合下列规定。

① 教育机构设施应独立选址。学校、幼儿园、托儿所用地，应设置在阳光充足、环境安静、远离灾害和污染，以及不危及学生、儿童身心安全的地段。

② 距离铁路干线应大于 300 m，主要入口不应开向公路。

乡驻地集贸市场设施选址应符合下列要求。

① 应有利于人流和商品的集散，并不得占用公路、干道、车站、码头、桥头等交通量大的地段。

② 不应布置在文化、教育、医疗机构等人员密集场所的出入口附近，和妨碍消防车辆通行的地段。

③ 市场应配置公共厕所、垃圾收集站(点)，以及一定的机动车和非机动车停车场地。

4.6.2 消防整治

村庄应按照下列安全布局要求进行消防整治。

① 村庄内生产、储存易燃易爆化学物品的工厂、仓库必须设在村庄边缘，或相对独立的安全地带，并与人员密集的公共建筑保持规定的防火安全距离。

② 生产和储存易燃易爆物品的工厂、仓库、堆场、储罐等，与居住、医疗、教育、集会、娱乐、市场等之间的防火间距不应小于 50 m。

在人口密集地区应规划布置避难区域。防火分隔宜按 30～50 户的要求进行；呈阶梯布局的村寨，应沿坡纵向开辟防火隔离带。防火墙修建应高出建筑物 50 cm 以上。消防通道宽度不宜小于 4 m，转弯半径不宜小于 8 m；消防通道宜呈环状布置或设置平坦的回车场。尽端式消防回车场不应小于 15 m×15 m，并应满足相应的消防规范要求。道路路面宽度及铺装形式应满足不同功能要求，有所区别。主要道路路面宽度不宜小于 4.0 m；次要道路路面宽度不宜小于 2.5 m，路面宽度为单车道时，可根据实际情况设置错车道；宅间道路路面宽度不宜大于 2.5 m(图 4-26)。

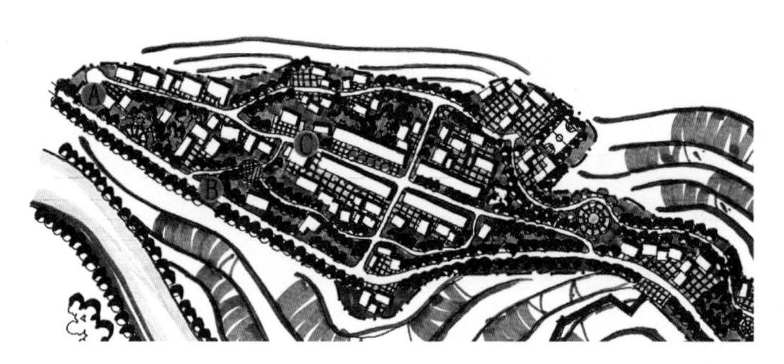

A 点为尽端式消防回车场，且面积不小于 15 m×15 m。B 点所在道路为主要道路，道路宽度约 8 m；C 点所在道路为次要道路，道路宽约 4 m，且次要道路呈环形布置，满足消防通道需求。

曾琪琪 绘

图 4-26 村庄消防规范

4.6.3 景观环境规划

公共场所的沟渠、池塘、人行便道的铺装宜采用当地砖、石、木、草等材料，手法宜提倡自然，岸线应避免简单的直锐线条，人行便道避免过度铺装。村庄重要场所可布置环境小品，应简朴亲切，以农村特色题材为主，突出地域民族文化特色。

公共服务建筑应满足基本功能要求，宜小不宜大，建筑形式与色彩应与村庄整体风貌协调。根据村庄历史沿革、文化传统、地域和民族特色确定建筑外观整治的风格和基调(图 4-27)。

建筑为藏式民居，符合地域特色，满足快题任务书中对建筑风貌的要求。

曾琪琪 绘

图 4-27 村庄景观环境规划 1

已有公共活动场所的村庄应充分利用和改善现有条件，满足村民生产生活需要；无公共活动场所或公共活动场所缺乏的村庄，应采取改造利用现有闲置建设用地作为公共活动场所的方式，严禁以侵占农田、毁林填塘等方式大面积新建公共活动场所。

历史文化遗产的周边环境应实施景观整治，周边的建(构)筑物形象和绿化景观应保持乡土特色，并与历史文化遗产的历史环境和传统风貌相和谐(图 4-28)。

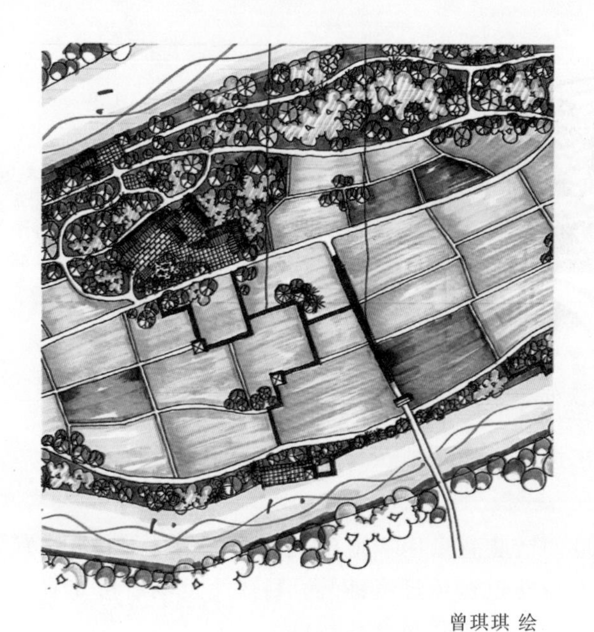

规划栈道与农田景观相结合，保留了乡土特色。

曾琪琪 绘

图 4-28　村庄景观环境规划 2

5 专题实践

5.1 居住区规划设计

5.1.1 居住区规划要点解析

① 道路交通:除特殊情况外,避免在主干道上设置机动车出入口;主要道路至少设置两个出入口,出入口间距不小于 150 m,人行入口间距超过 80 m 应在建筑底层加设人行通道;车行出入口与道路交叉口间距不小于 70 m;道路夹角不小于 75°;尽端路不宜大于 120 m,尽端式车行道长度超过 35 m 时应设不小于 12 m×12 m 的回车场。

② 公共服务设施:底商、会所、幼儿园、小学一般设置在交通便利的地方。

③ 商业服务设施:一般沿城市道路线状布置,位于住区主要出入口,主要以底商的形式呈现。

④ 景观中心:一般由中心绿地、广场以及公共服务建筑组成,是住区的核心空间和亮点;一般绿地率为 30%,高档小区、绿色小区绿地率大于等于 35%;景观营造和步行系统相结合,利用步行轴设置景观廊道。

⑤ 居住建筑:低层一般为 1～3F,主要布局形式有独立式、拼联式;多层一般为 4～6F,主要布局形式有板式、行列式;小高层一般为 8～11F,主要布局形式有点式、多单元板式;高层一般为 12F 以上,主要布局形式以独立式为主,也可采用拼联式。

5.1.2 国家现行规范条例在居住区规划中的应用

居住区道路可分为居住区道路、小区路、组团路和宅间小路四级。居住区道路红线宽度不宜小于 20 m;小区路路面宽 6～9 m,建筑控制线之间的宽度,需敷设供热管线的不宜小于 14 m,无供热管线的不宜小于 10 m;组团路路面宽 3～5 m,建筑控制线之间的宽度,需敷设供热管线的不宜小于 10 m,无供热管线的不宜小于 8 m;宅间小路路面宽度不宜小于 2.5 m。

居住区公共服务设施必须与居住人口规模相对应,主要包括教育、医疗卫生、文化体育、商业服务、金融邮电、社区服务、市政公用和行政管理及其他设施。

条式住宅侧面间距,多层之间不宜小于 6 m;高层与各种层数住宅之间不宜小于 13 m。

5.1.3 居住区规划设计优秀案例欣赏

案例 1

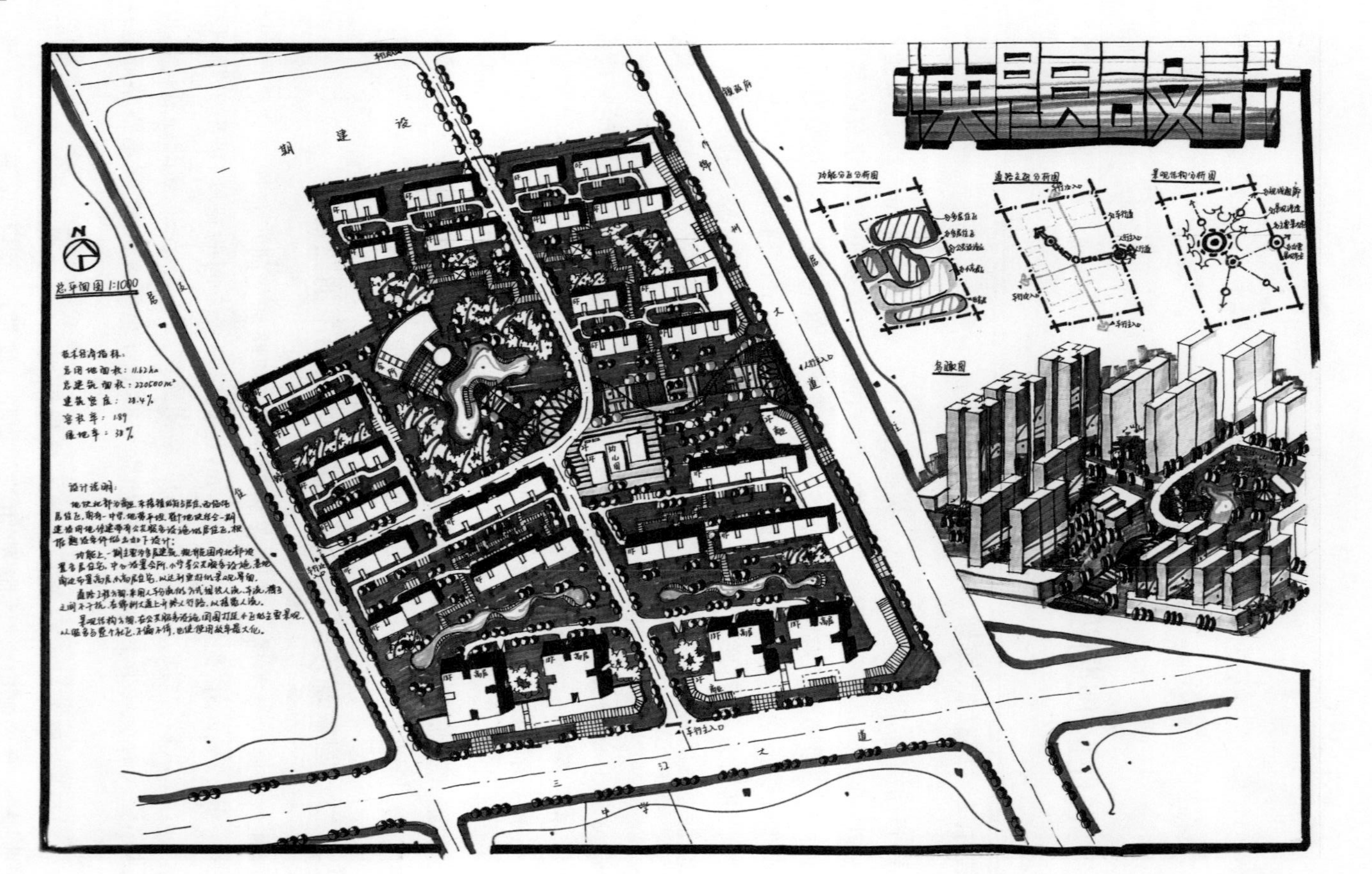

阎希 绘

案例 2

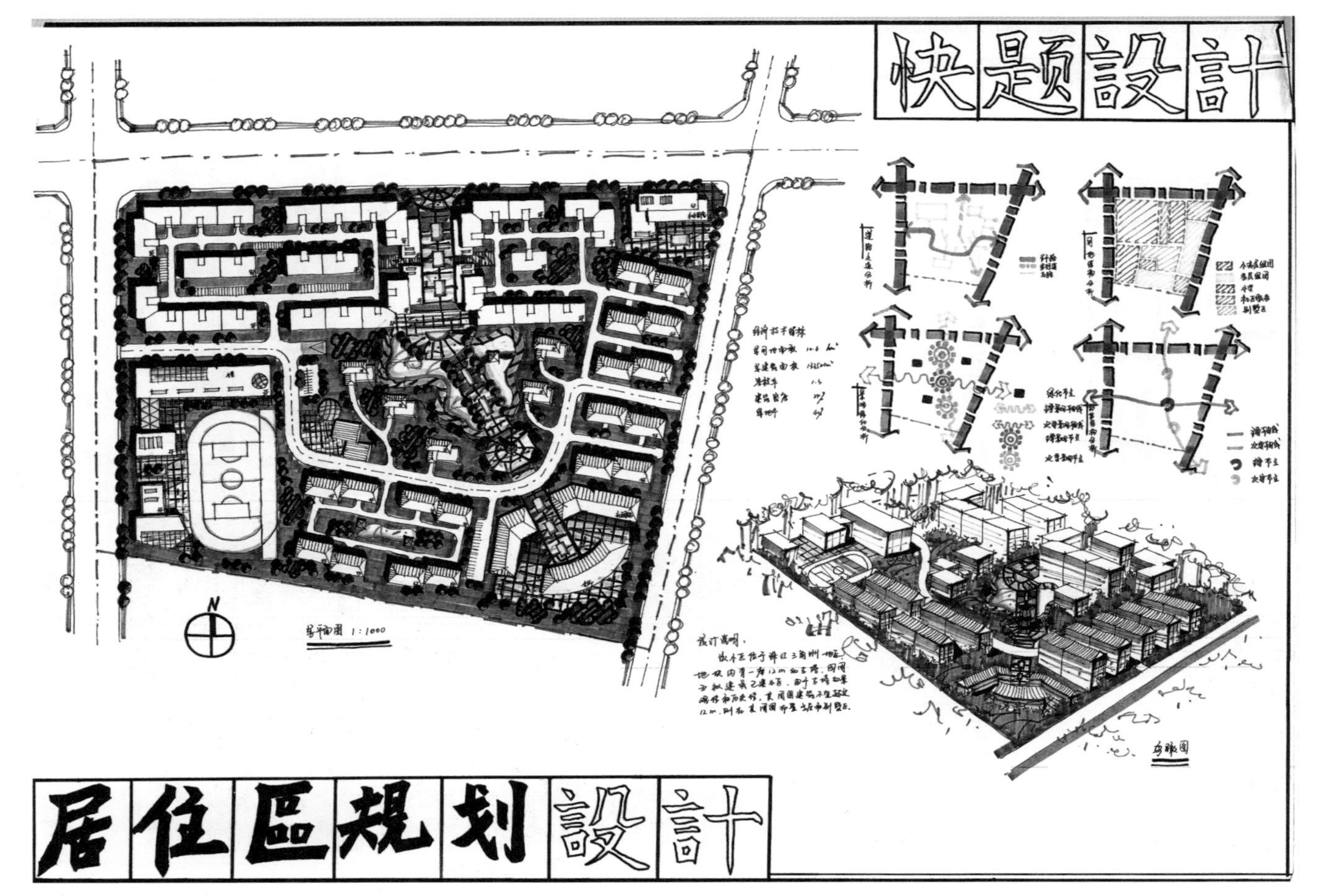

曾琪琪 绘

案例 3

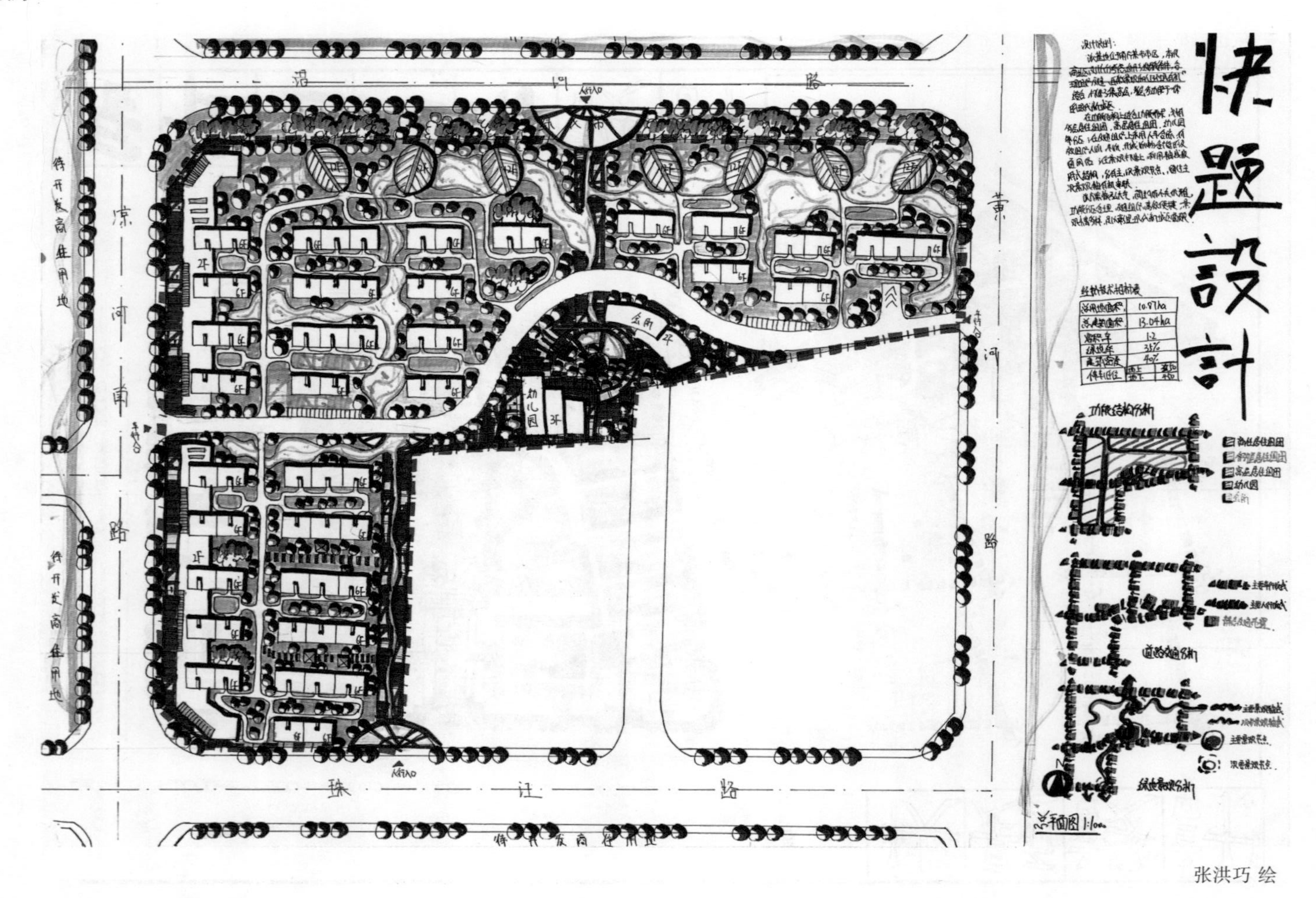

张洪巧 绘

案例 4

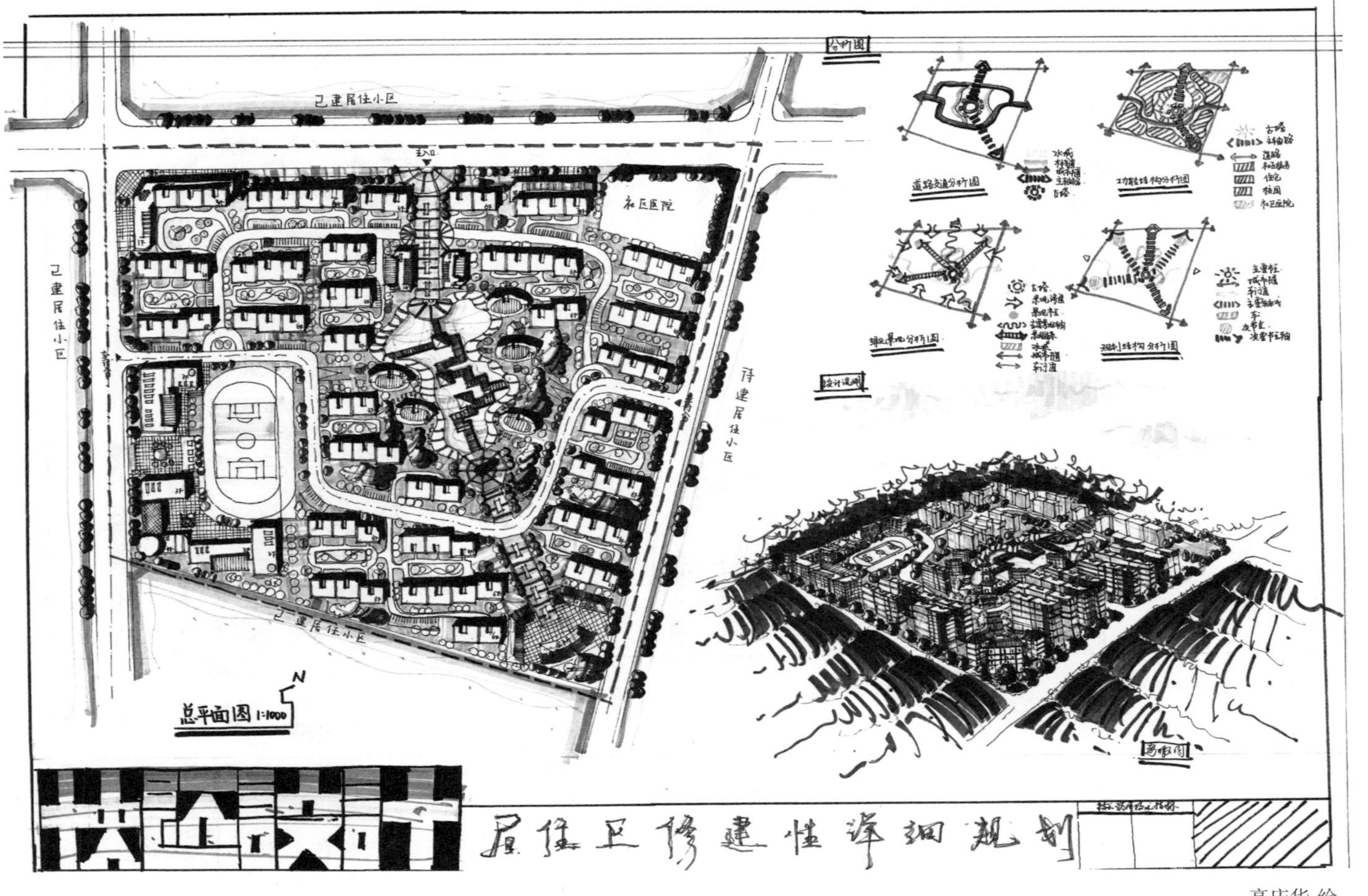
已建居住小区
社区医院
主入口
待建居住小区
总平面图 1:1000
分析图
道路交通分析图
功能结构分析图
绿地景观分析图
规划结构分析图
设计说明
鸟瞰图
居住区修建性详细规划

高庆华 绘

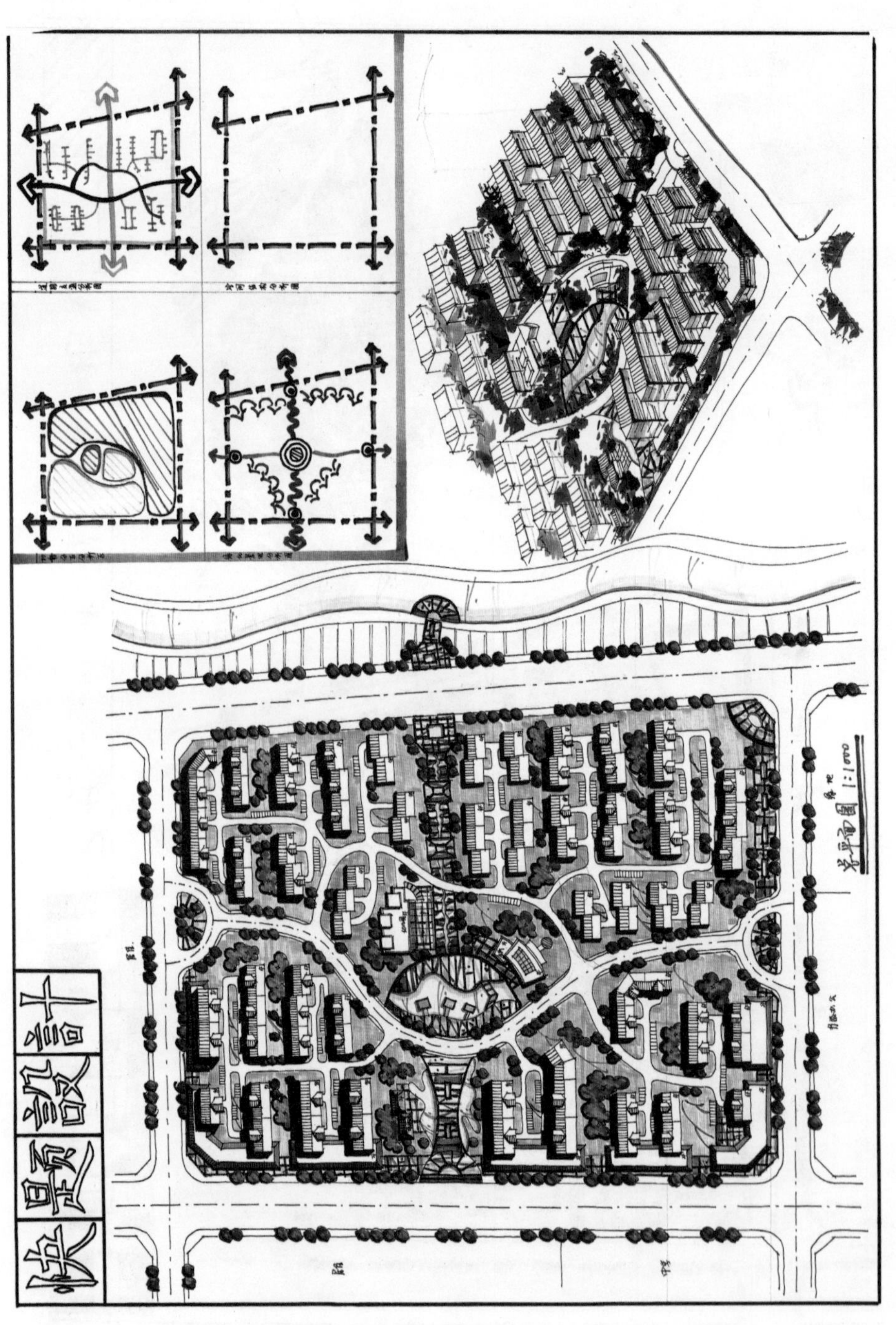

赵晴瑶 绘

案例 5

案例 6

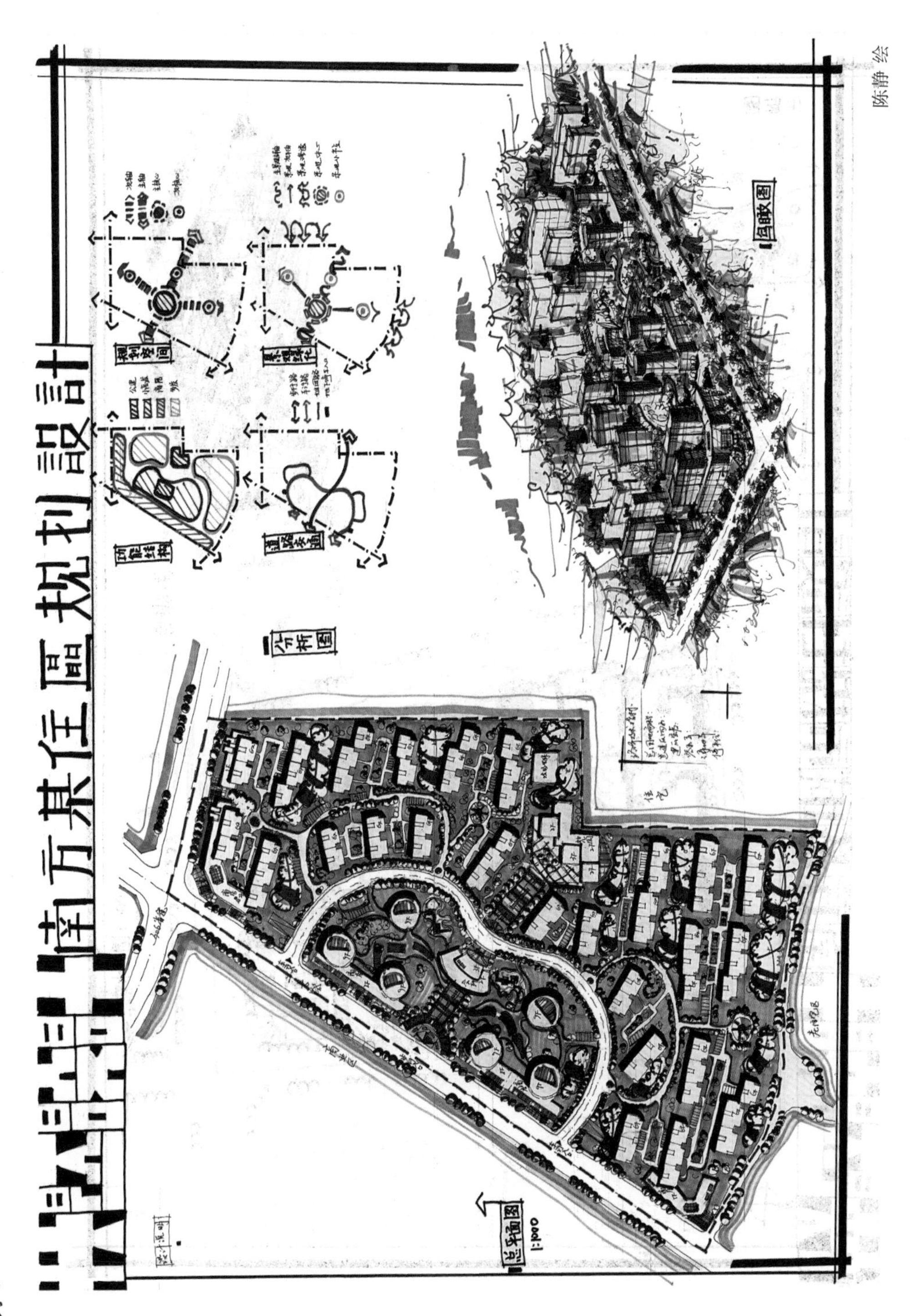

陈静 绘

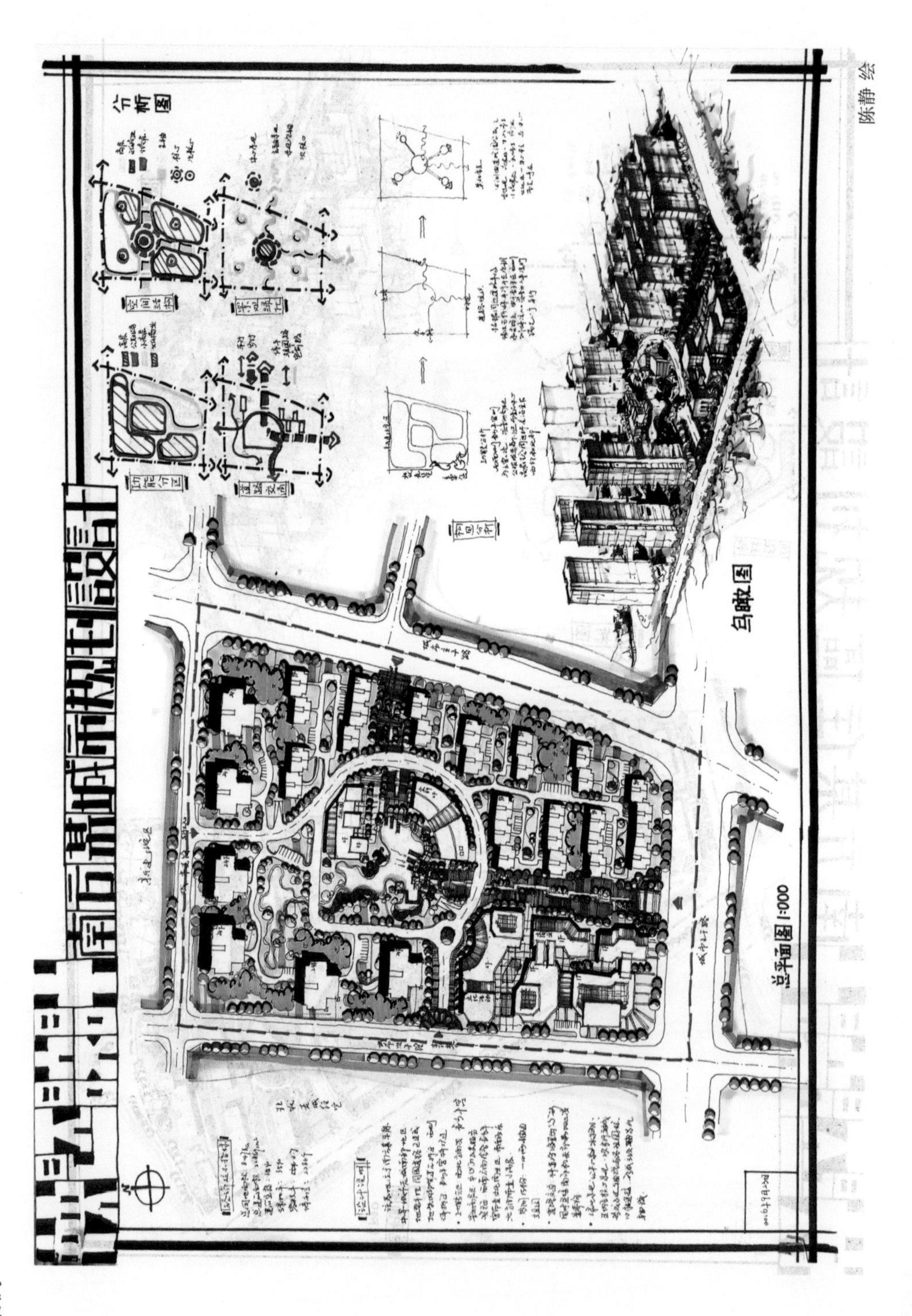

陈静 绘

案例 7

例题:任务书　某居住小区规划设计

一、项目用地概况

项目位于西南某城市,地块东、南两边均临 40 m 宽城市干道,东边为绵州大道、南边为三江大道、西边为城市支路。地块北边为已建居住小区(一期),内含多栋住宅及商业建筑。地块南边有已建中学,东北边有政府。红线范围内总用地面积约 11.6 hm^2,地形平坦。用地内拟建商品房住区及服务于本地块及周围社区的公共服务设施。

二、规划设计内容及要求

1. 总用地面积 11.62 hm^2。

2. 容积率≤2.0。

3. 总建筑面积＜232 400 m^2,其中包括:

1)住宅建筑面积控制在 150 000～190 000 m^2,户数约 1 200 户,以多层住宅为主,适当考虑高层、小高层。

2)商业办公建筑约 30 000 m^2,可以布置为集中商业办公建筑,也可为底层商业裙房。

3)小型会所 2 500 m^2 左右,包括小区管理用房。

4)需设置幼儿园。

4. 日照间距＞1∶1;考虑两期住宅区之间的联系。

5. 绿地率、建筑密度不作硬性指标规定,根据方案自行考虑。

6. 停车位按一户一个配置,停车方式不限。地下车库需表达车库范围及出入口。

7. 用地红线后退主干路≥8 m,支路≥5 m,与一期住宅区的边界不超过红线即可。

8. 二期住宅区的住宅布局、交通组织、配套商业需重点考虑与一期住宅区的联系。

三、设计图纸要求

1. 总平面图 1∶1 000。

2. 简要规划设计说明(300 字以内,含主要经济技术指标)。

3. 分析图(包括规划结构、绿地系统、道路交通等)数量不限,以表达方案特征为原则。

4. 鸟瞰图或节点透视图,以反映方案特征为主。

四、考试时间:6 小时

五、附图

基地现状图

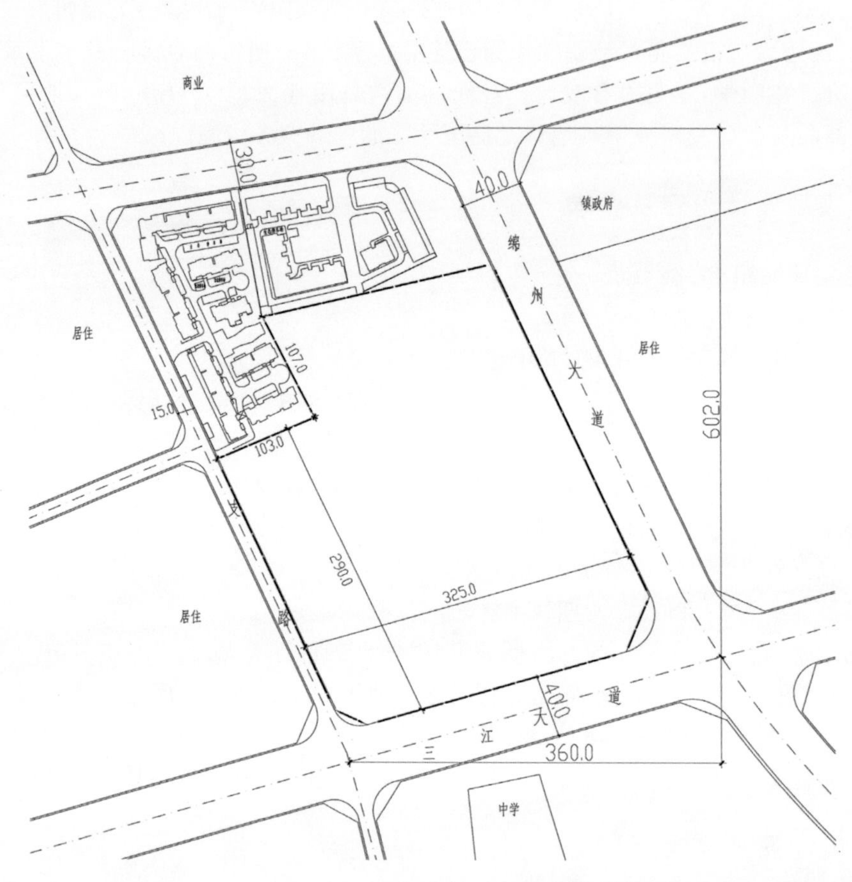

考题浅析

1. 本项目位于西南某城市,在规划设计时要考虑西南地区城市的地域风貌及居住小区设计的一些规范要求。

2. 充分考虑与已有建成区及周边功能建筑之间的关系,合理布局功能分区。

3. 合理确定居住小区出入口位置,组织好车行、人行的关系,避免交通混乱。同时,考虑地上、地下停车场的结合。

4. 规划需考虑基地与周边建筑风貌、景观环境的整体协调,可考虑打造景观绿化廊道。

5. 经济技术指标:本方案规划容积率≤2.0,可以判断为正常的“多层+小高层”项目。此外,还应根据各项指标考虑商业等配套服务设施的配建比,在规划设计时应满足各项指标。

优秀作品赏析

作品 1

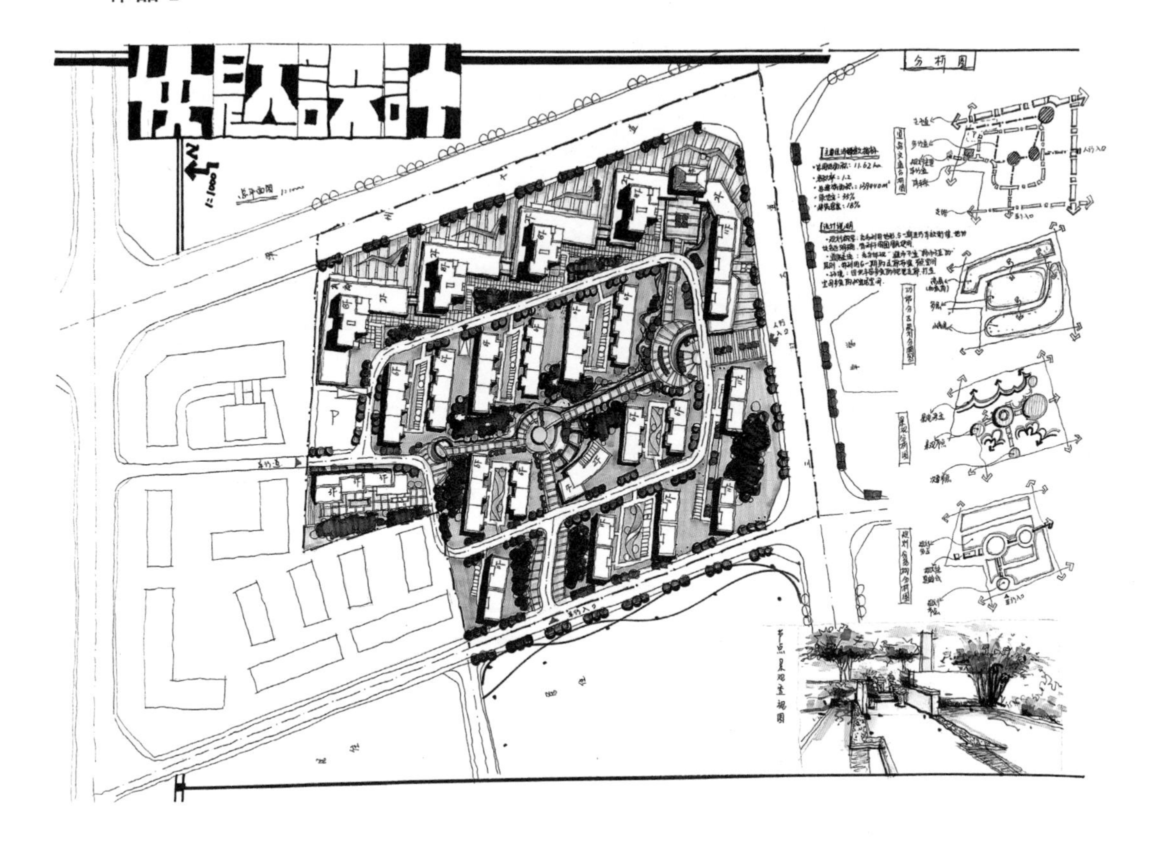

点评

规划：基地与一期结合紧密，总平面的各个设计内容表达清楚，用笔流畅。在中心区对景观小品、水体和场地的细致刻画使中心绿地丰富而不沉闷，这是方案的亮点。此外，建筑摆放充分结合了地形。

图纸大小	A1
表现方法	马克笔
考试时间	6 小时
作　　者	高庆华

规划符合《建筑设计防火规范》(GB 50016—2014)，在建筑物沿街道部分长度大于150 m时，设置有穿过建筑物的消防通道。环形消防车道有两处与其他车道连通，车道净宽度>4 m，转弯半径也满足消防车的转弯需求。条式住宅侧面间距>6 m，高层与各种层数住宅之间间距>13 m，满足日照。

规划不足之处在于虽然考虑了基地外的交通系统，但车行道出入口设置仍有不足。图中不能看出幼儿园的位置，根据《托儿所、幼儿园建筑设计规范》(JGJ 39—2016)，大于4个班的幼儿园应有独立的建筑基地，规模在3个班以下时，可设于居住建筑物底层，但应有独立的出入口和相应的室外游戏场地及安全防护设施。

表现：图面上乔木表现有些粗糙，色彩搭配不是太协调。

作品 2

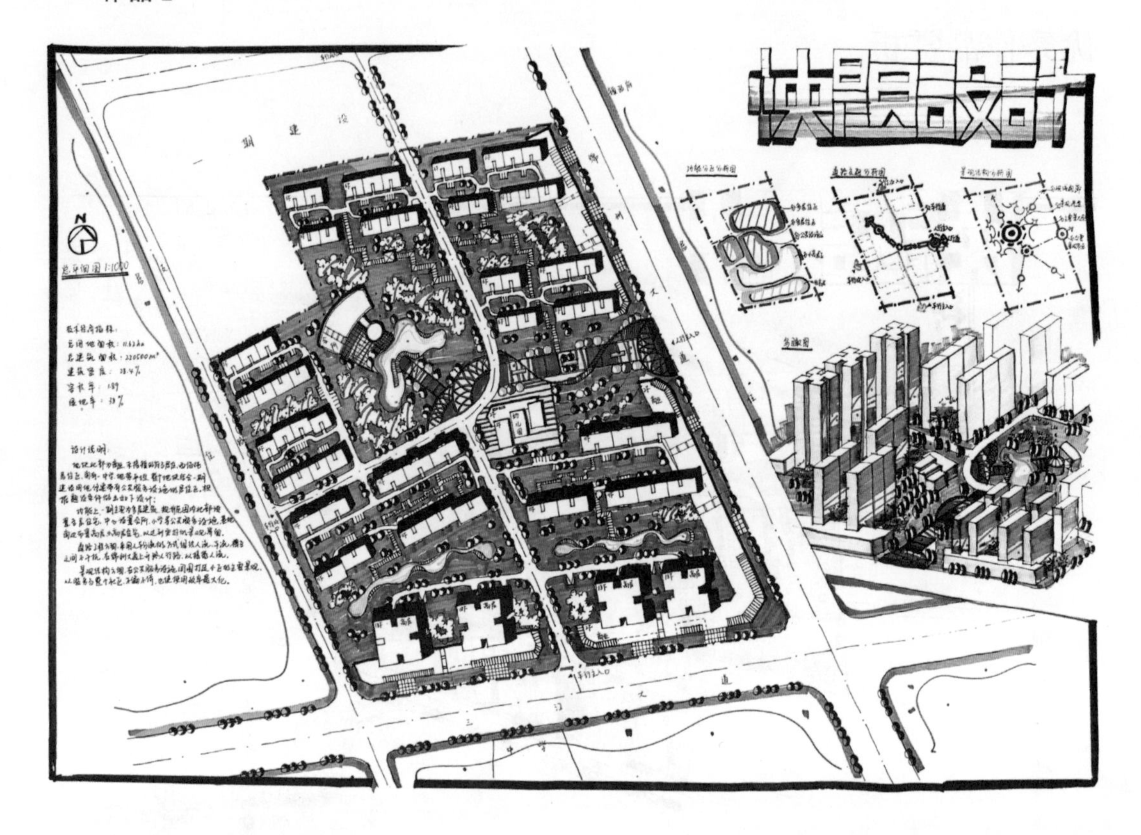

图纸大小	A1
表现方法	马克笔
考试时间	6 小时
作　　者	丁雪莹

点评

规划：总平面的设计内容表达尚好，地面不同质地表现较丰富，对画面整体效果起到充实作用。交通体系基地内外完美结合，若能加强居住建筑的组团感和中心节点的刻画，整个方案将更加完美。规划满足国家现行道路交通规划设计规范，当建筑物长度超过 80 m 时，在底层加设了人行通道。国家现行规范条例要求小区内主要道路至少应有两个出入口，居住区内主要道路至少应有两个方向出入口与外围道路相连，与主干道交叉口的距离，自道路红线交叉点量起不小于 70 m，规划道路满足需求。规划满足《托儿所、幼儿园建筑设计规范》(JGJ 39—2016)，幼儿园基地远离主干道，有独立的出入口，且南侧无高大建筑遮挡阳光。

表现：用色以大片绿色做基调，一是强调了画面的整体感，二是很好地衬托出建筑物的平面图形。树木用暗绿色表现，虽然繁多，但因统一在绿色调中而不显得杂乱。中心区用的暖色调活跃了气氛。

作品 3

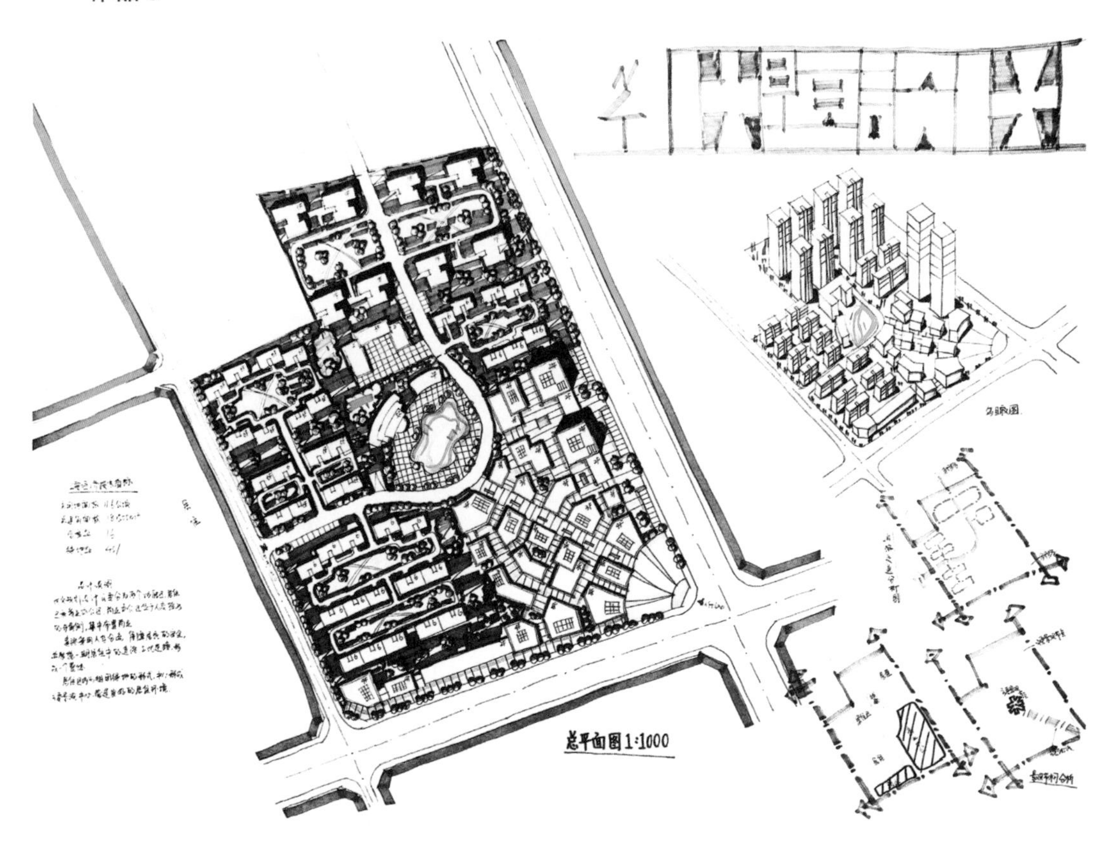

图纸大小	A1
表现方法	马克笔
考试时间	6 小时
作　　者	张一倩

点评

规划：该方案道路与一期住宅区相结合布置，较为合理，但地块西南片区的通达性不是很好，对各建筑功能的标注不够明确，商业建筑较为零碎，对铺装的处理不够细致。小区机动出入口个数设置不足。

根据《城市居住区规划设计规范》(GB 50180—93)(2002 版)，沿街建筑物长度超过 150 m 时，应设不小于 4 m×4 m 的消防车通道。本方案南部沿街建筑长度已超过 150 m，未设置消防通道。根据《城市道路交通规划设计规范》(GB 50220—95)，大于 300 个停车位的停车场，出口和入口应分开设置，两个出入口之间的距离应大于 20 m，本方案北部地下停车场应设置两个出入口。

5.2 中心区规划设计

5.2.1 中心区规划要点解析

① 道路交通:道路设置应尽量人车分流,且应合理布置停车场;人行出入口不宜开设在快速路上,车行道路出入口不宜开在主干道上。

商业步行街长度不宜大于500 m,并且应在间距不大于160 m处设置横穿该街区的消防通道。

② 主要功能:商业、办公、休闲娱乐、文化、广场、商住结合。

酒店设置在人流量大、交通便利的地方,应考虑到人流的疏散、环境的设置和车辆的停放等。办公楼主要形式为板式和点式,一般成组出现,设置在交通便利的地方,并且应设置配套停车场。购物中心一般设置在人行入口处,其体量一般较大,应考虑疏散广场及停车配套。休闲娱乐设施体量一般比较小,形式变化自由,有较好的环境,可考虑古建的形式。文化建筑造型独特,一般处于中心位置。

5.2.2 国家现行规范条例在中心区规划中的应用

① 机动车公共停车场的服务半径,在市中心地区不应大于200 m;一般地区不应大于300 m;自行车公共停车场的服务半径宜为50～100 m。

② 广场设计应按城市总体规划确定的性质、功能和用地范围,结合交通特征、地形、自然环境等进行,应处理好与毗连道路及主要建筑物出入口的衔接,以及和四周建筑物协调,并应体现广场的艺术风貌。

③ 广场设计坡度宜为0.3%～3.0%,也可结合地形建成阶梯式;出入口处应设置纵坡坡度小于或等于2.0%的缓坡段。

④ 高层民用建筑、超过3 000个座位的体育馆、超过2 000个座位的会堂,占地面积大于3 000 m^2 的商店建筑、展览建筑等单、多层公共建筑应设置环形消防车道,确有困难时,可沿建筑的两个长边设置消防车道;对于高层住宅建筑和山坡地或河道边临空建造的高层民用建筑,可沿建筑的一个长边设置消防车道,但该长边所在建筑立面应为消防车登高操作面。

⑤ 文化馆建筑基地至少应设有两个出入口,且当主要出入口紧邻城市交通干道时,应符合城乡规划的要求并应留出疏散缓冲距离。

⑥ 大型商店建筑的基地沿城市道路的长度不宜小于基地周长的1/6,并宜有不少于两个方向的出入口与城市道路相连接。

⑦ 步行商业街内应设置限制车辆通行的措施,并应符合当地城市规划和消防、交通等部门的有关规定。利用现有街道改造的步行商业街,其街道最窄处不宜小于6 m;新建步行商业街应留有宽度不小于4 m的消防车通道。

5.2.3 中心区规划设计优秀案例欣赏

案例 1

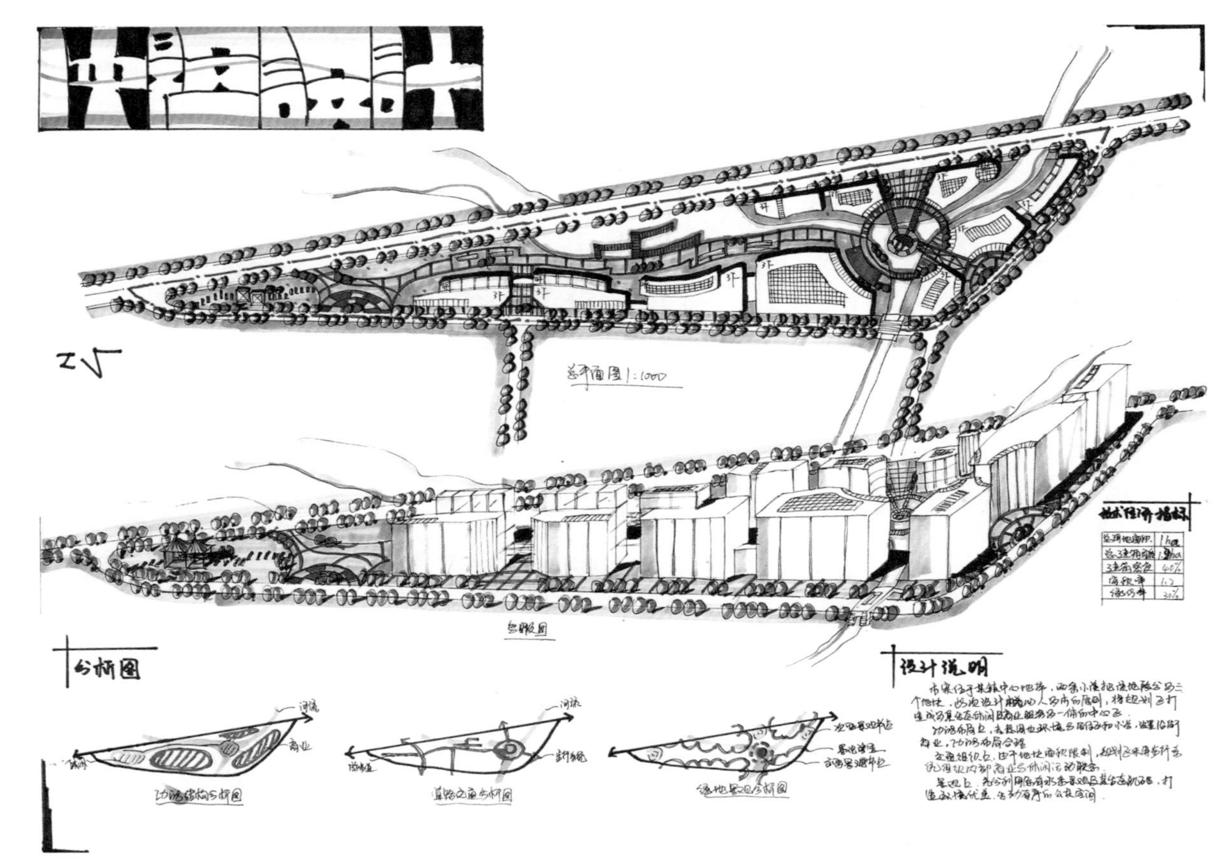

李丹珠 绘

案例 2

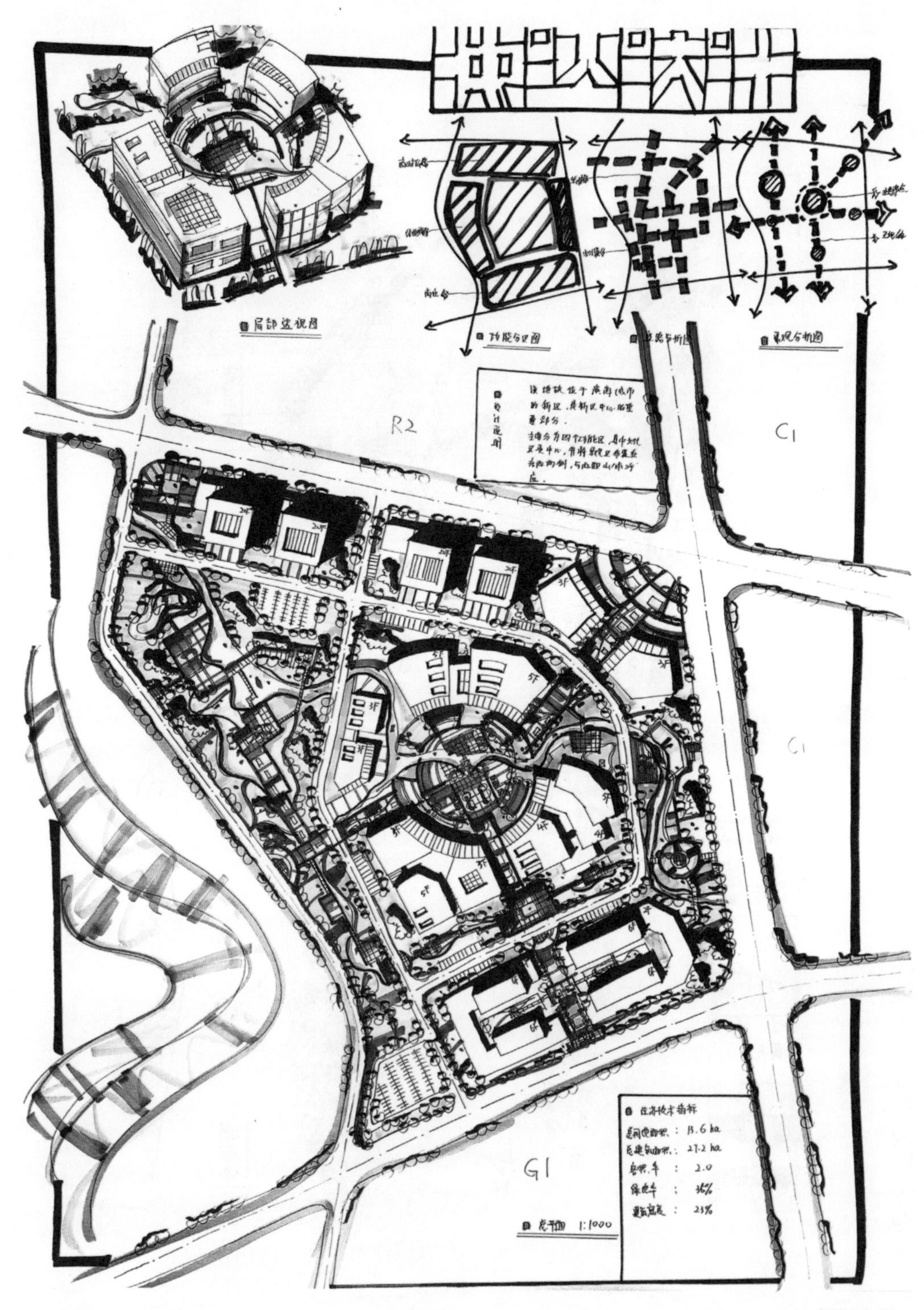

谭福玲 绘

案例 3

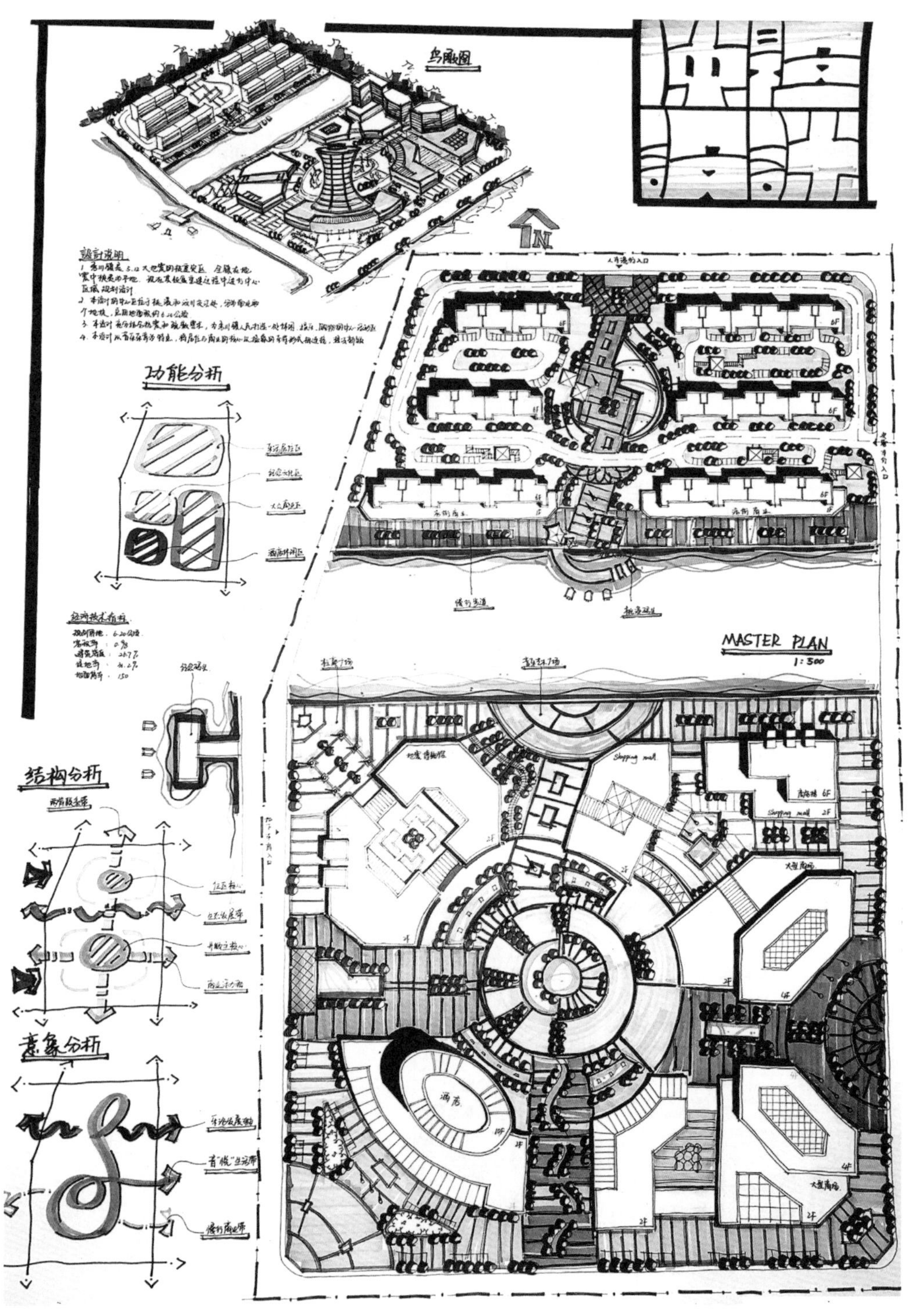

阎希 绘

案例 4

规划设計 源流·共生

图例：
1.会所 2.图书馆 3.广场
4.公共场馆 5.电影院
6.步行街 7.纪念馆

平面图 1:1000

道路分析图

城市主干道	城市次干道	支路
场地主干道	场地次干道	人行道
園路	特色景观大道	水系

商业区	广场聚会区	休闲娱乐区
住宅区	文化活动区	有待开发区

設計說明

本次方案以"自然生态、空间"和"溪流共生"为主题进行规划设计，以"一心两轴"的结构空间展开，行政中心广场为景观中心，满足不同人流服务，形成安静与喧闹及休闲的三个空间，形成现代共生交流空间。

地形分析图

◎ 经济技术指标

总建筑面积	55246 m²
总用地面积	76490 m²
绿化率	47.7%
容积率	1.25
停车位	520 位

2016.8.4

绵阳上战手绘 陈希 绘

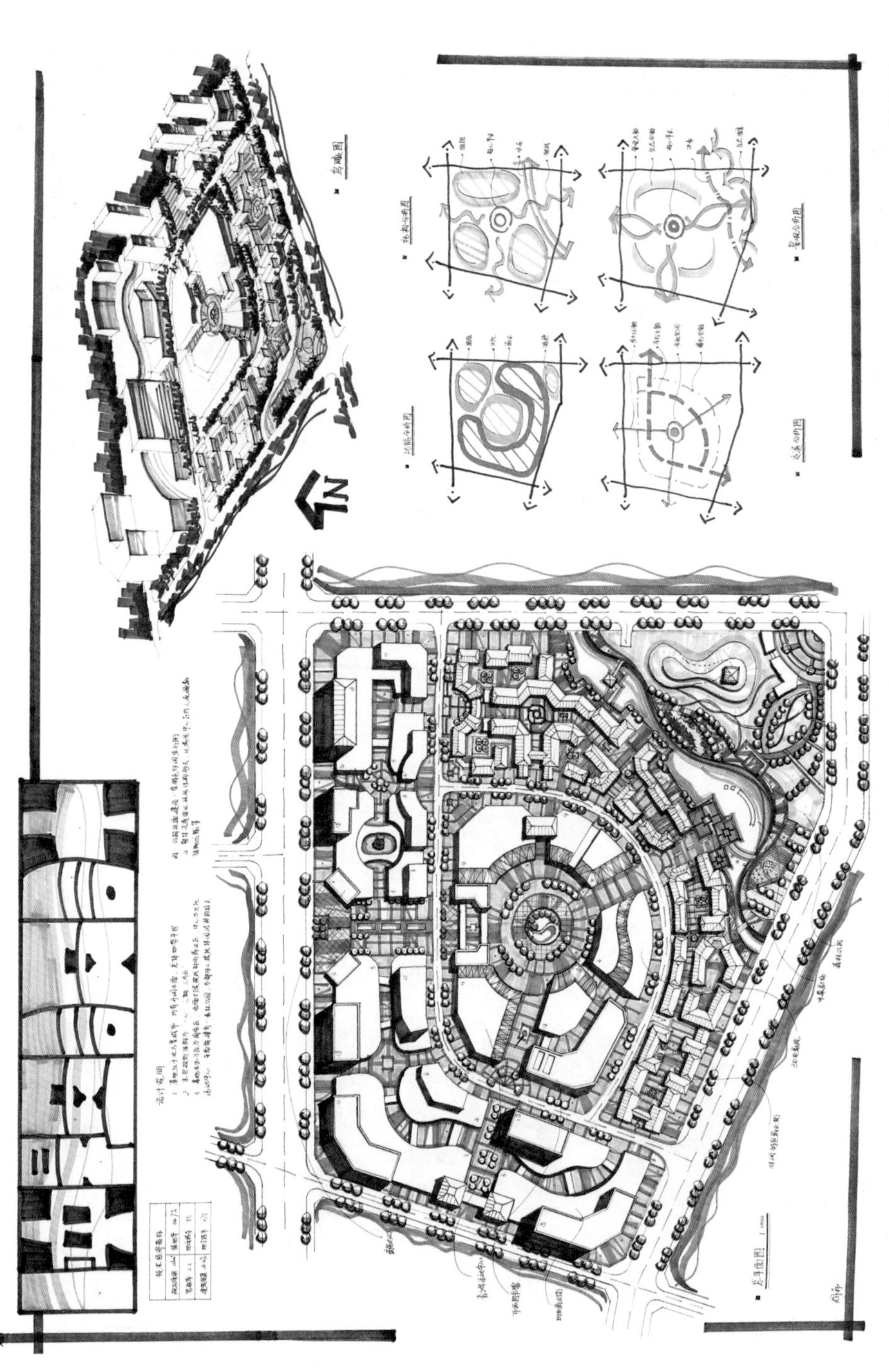

闫希 绘

案例 5

案例 6

陈静 绘

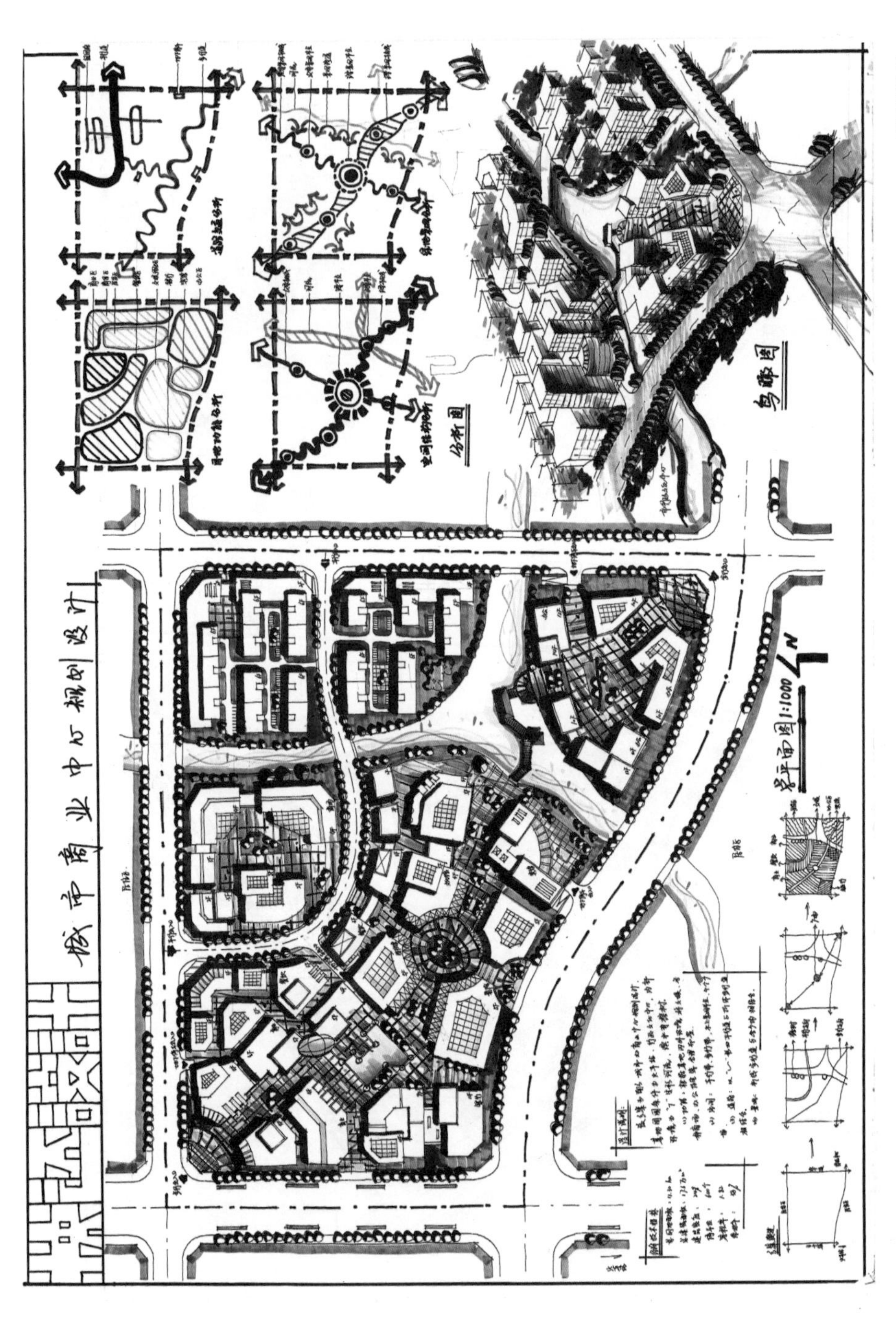

曾琪琪 绘

案例 7

案例 8

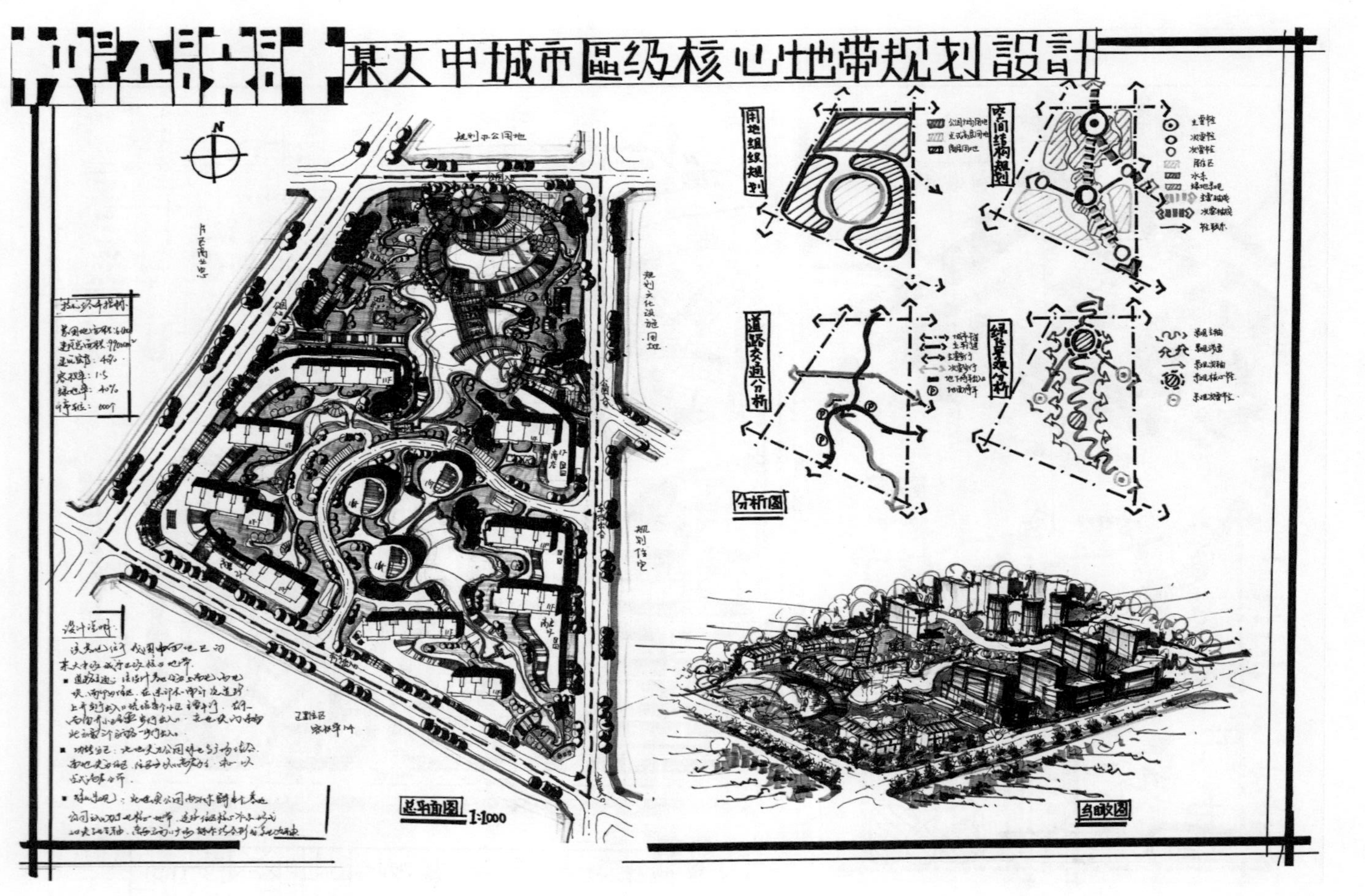

某大中城市區级核心地带规划設計
用地组织规划
空间结构规划
道路交通分析
绿地景观分析
分析图
总平面图 1:1000
鸟瞰图
设计说明

陈静 绘

例题:任务书1　城市中心区规划设计

一、基地概述

规划用地位于西南某科技产业城东北部,其工业基础坚实,产业体系完备,是国家重要的电子信息科研生产基地、西部重要的汽车及零部件产业集聚区。配套功能完善,具有较强的产业承载能力,承接产业转移空间广阔。规划用地面积为15.9 hm^2。地块三面临城市道路,南侧为河流。用地东侧已建成商务、办公用地,北面为居住区、商业服务中心,西面为商业居住区、商务办公区,南面有宽为50 m的河流,用地现状较好,地势平坦,内有小河在其中穿过,宽为15 m。基地由一条城市次干道分为南北两个地块,东侧为城市主干道,西北两侧为城市支路。基地现状详见附图。

二、功能构成

1. 滨水公共中心应具有商业、办公功能。
2. 休憩娱乐、购物。
3. 酒店式公寓面积约40 000 m^2。
4. 文化活动中心,建筑面积4 000 m^2。
5. 规划应处理好人流与车流的关系。
6. 规划应考虑整体性,并注重与周边地块的关系。

三、规划设计要点

1. 建筑密度不大于30%。
2. 总容积率(FAR)应小于或等于1.5。
3. 绿地率不小于30%。
4. 城市主干道建筑红线退界道路红线10 m,城市次干路建筑红线退界道路红线8 m,城市支路建筑红线退界道路红线5 m。
5. 建筑后退南侧芙蓉溪蓝线20 m,建筑后退基地中的河流10 m。
6. 建筑形体和布置方式应结合周边考虑,处理好与芙蓉溪和基地中河流的关系。
7. 停车比例:0.5 辆/100 m^2。

四、设计表达要求

1. 总平面图1∶1 000,须注明建筑名称、层数,表达广场、地下停车场等要素。
2. 鸟瞰图或轴测图。
3. 表达构思的分析图(自定)。
4. 附有简要规划设计说明和经济技术指标。

五、考试时间:6 小时

六、附图

基地现状图

考题浅析

1. 在进行功能布局时要充分考虑基地与周边已建功能区之间的关系，要与周围的服务设施融合，合理布局中心区的功能分区。

2. 合理确定中心区人行、车行的出入口位置，合理组织交通，同时中心区规划应考虑地上、地下停车场的关系。

3. 考虑芙蓉溪与基地中河流的关系，可以适当做一些景观绿化使两者联系起来，同时能形成景观视线通廊。

4. 布置文化活动中心时，应充分考虑其开敞空间与周围建筑以及滨水空间的关系，充分利用滨水公共空间，打造出具有地域特色的综合性功能建筑。

5. 在进行功能布局、交通组织、景观绿化时，应考虑如何将被城市次干道划分成两个地块的基地联系起来，使其形成一个整体，避免造成分割感。

优秀作品赏析

作品 1

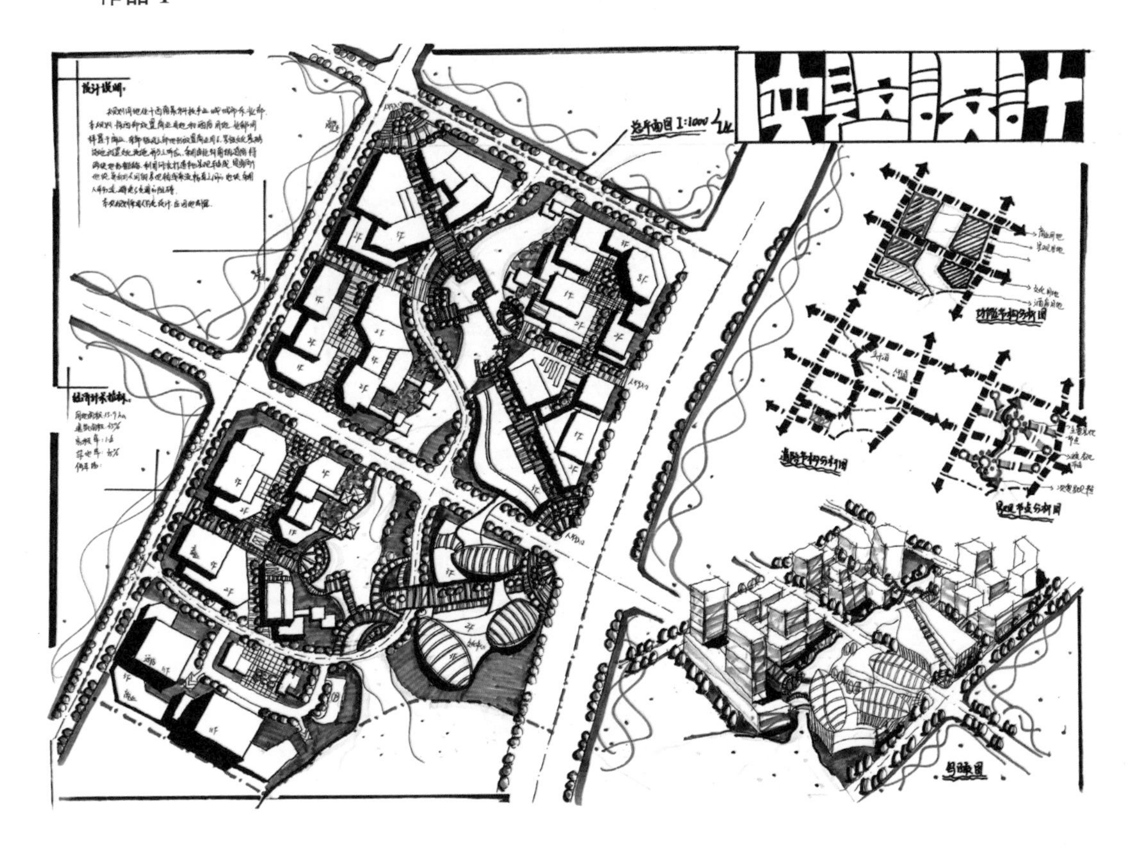

图纸大小	A1
表现方法	马克笔
考试时间	6 小时
作　　者	李丹珠

点评

规划：功能分区合理，内部交通处理流畅有序，人流量大的建筑沿主要道路布置，若能增强不同功能区的一体化设计，则可能取得更好的整体效果。中心节点表现不突出，若能结合水系和广场形成整个画面的中心，则可能更突出画面的亮点。

规划满足《旅馆建筑设计规范》(JGJ 62—2014)，酒店式公寓一面直接邻接城市道路。规范要求当旅馆建筑设有 200 间(套)以上客房时，其基地的出入口不宜少于 2 个，规划中酒店出入口为 2 个，符合规范。规划中文化馆建筑满足国家现行规范条例要求，设有两个出入口，且场地规整、交通方便、朝向较好。

表现：内容完整，构图比较紧凑，徒手线条流畅，对比突出，大胆地运用了多种色彩而不显杂乱。通过色彩的变化对主次加以区分，突出了重点。

作品 2

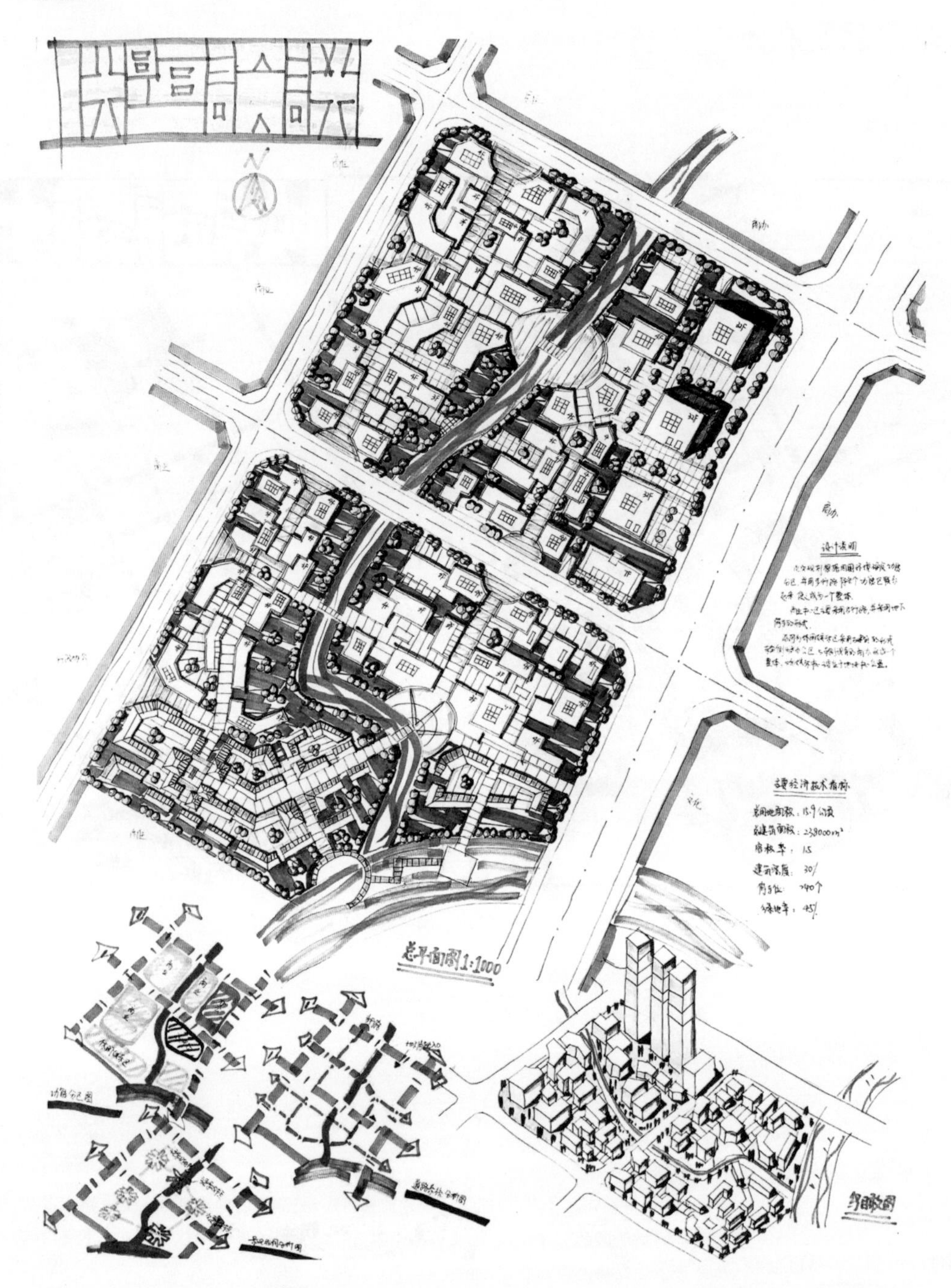

图纸大小	A1
表现方法	马克笔
考试时间	6 小时
作　　者	张一倩

点评

规划：该方案轴线清晰，对内部交通、人流集散考虑合理；但滨河处理成单一的绿化带稍欠妥当，在地块东北部设置三栋独立的高层建筑也稍欠考虑。

根据《建筑设计防火规范》(GB 50016—2014)，道路中心线间的距离不宜大于 160 m。当建筑物沿街道部分的长度大于 150 m 或总长度大于 220 m 时，应设置穿过建筑物的消防车道；确有困难时，应设置环形消防车道，本方案缺少街区内的消防车通道。

表现：对广场等重要节点的处理不够细致，马克笔上色较为粗糙。

例题:任务书 2 中国科技城片区中心地段规划设计

一、基地概述

某城市是中国科技城、成都后花园、教育大城、中国旅游和宜居名城、川西北经济中心。本案位于城市南部小枧片区,该片区有国家重要的航空及空气动力研发中心。结合当地自然条件与“绿色低碳、显山露水、生态城市”的城市主题,该城市总体规划将该片区定位为观光旅游、滨江休闲度假和居住为主体的“滨江水岸居住新城。”规划地块西侧为涪江,东侧为酒店、商业和办公用地,北侧为商住混合用地,南侧为商业、娱乐设施用地,规划范围总用地面积为 15.1 hm^2,地形见附图。

二、功能构成

1. 南部新城商业中心 20 000 m^2;其他商业建筑 10 000 m^2(可分散布置)。
2. 350 间客房的五星级湿地主题文化酒店,总建筑面积 30 000 m^2。
3. 科研办公与航空研发中心,建筑面积 15 000 m^2(含航空文化展览馆 3 000 m^2)。
4. 中小户型住宅,不小于 45 000 m^2。

三、规划设计要点

1. 建筑密度小于 30%。
2. 总容积率(FAR)应小于或等于 1.8。
3. 绿地率不小于 25%。
4. 应设计总共不少于 12 000 m^2 的城市绿地或文化活动广场,兼作避震疏散场所。
5. 建筑限高 70 m。
6. 建筑形体和布置方式应有利于展示城市新形象、城市风貌。
7. 红线宽度 24 m 及以上的道路为城市主要避震疏散通道,该类型通道应保证在两侧建筑倒塌后仍有不少于 7 m 的有限宽度,两侧建筑倒塌后的废墟宽度可按建筑高度的 2/3 计算。
8. 居住建筑间距:平行布置的多层居住建筑南北向间距为 1 Hs(Hs 为南侧建筑高度),东西向 0.8 H(H 为较高建筑的高度),侧向山墙间距不少于 6 m。
9. 地面停车位 150 个(含住宅配建 120 个),可考虑设置地下停车场。
10. 规划地块内河流应尽量保留,但可根据设计者意图适当改造与整治。

四、设计表达要求

1. 总平面图 1∶1 000,须注明建筑名称、层数、广场、绿地、停车场等要素。
2. 鸟瞰图或轴测图。
3. 表达构思的分析图(自定)。

4. 附有简要规划设计说明和经济技术指标。

5. 图纸尺寸为标准 A1(841 mm×594 mm)大小。

五、考试时间:6 小时

六、附图

基地现状图

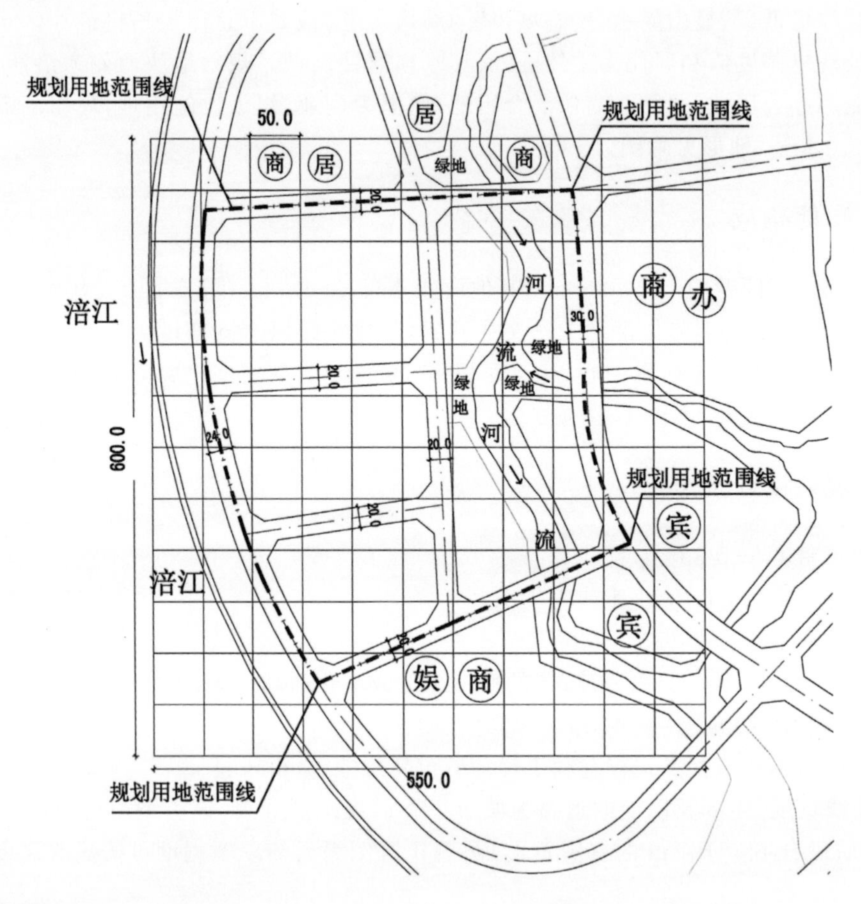

考题浅析

1. 划分功能区时,应考虑新建建筑功能与周围已建建筑功能的联系,考虑功能的相近性,进行合理的功能布局。

2. 基地的规划设计应注重建筑限高与抗震设防的关系,考虑建筑倒塌后其预留的道路宽度会不会影响交通的畅达性,考虑避震疏散场所的设置等。

3. 考虑基地中河流与绿地的利用,将其与周围建筑结合,打造景观绿化带,同时考虑新建与已建建筑整体风貌的协调,展现科技城风貌。

4. 在进行规划设计时应满足任务书规定的各项指标,尤其是建筑限高和绿地率。

5. 在规划设计时应考虑基地中各个地块的相互协调。

优秀作品赏析

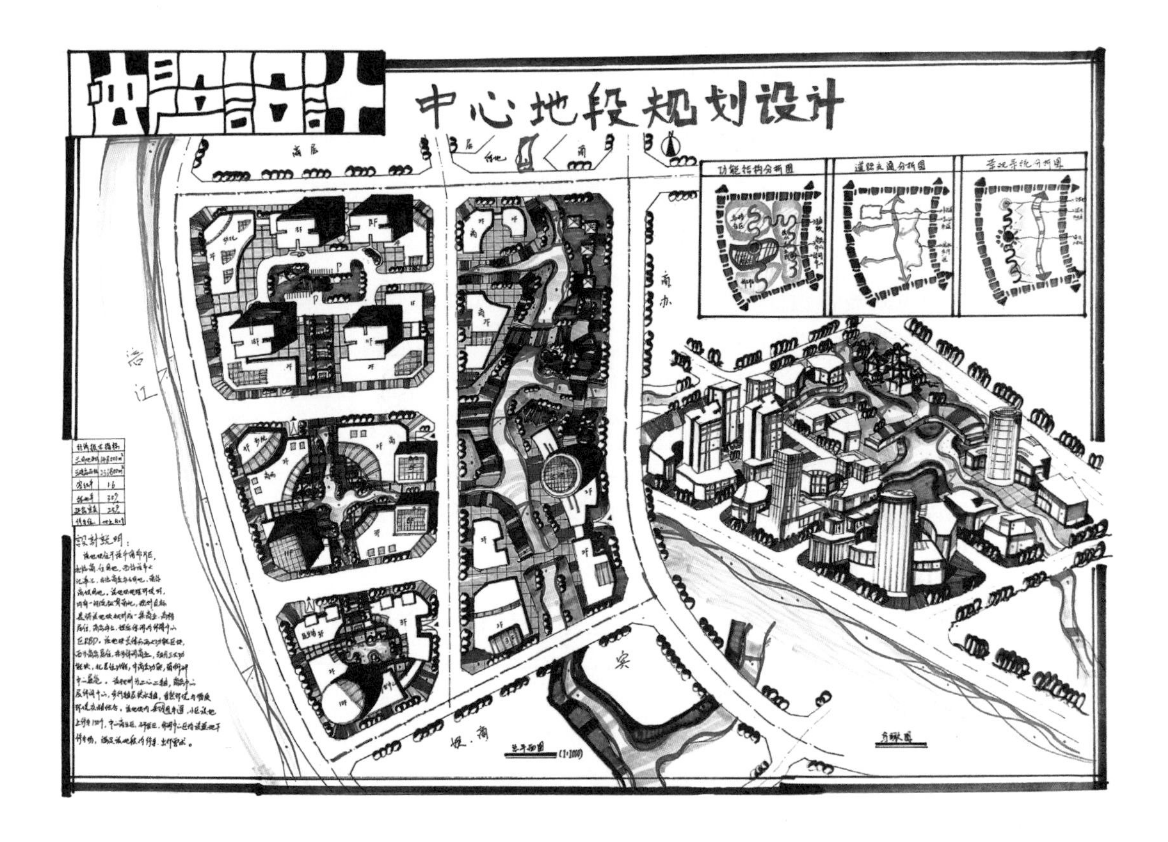

图纸大小	A1
表现方法	马克笔
考试时间	6 小时
作　　者	赵晴瑶

点评

规划：总平面构图完整，被道路分割的地块间联系紧密，规划结构清晰，功能分区合理，建筑场地出入口与城市道路连接合理。景观方面将水景合理地引入，使整个画面丰富而不失协调。

国家现行规范条例要求城市道路规划应与城市防灾规划相结合，地震设防的城市干路两侧的高层建筑应由道路红线向后退 10～15 m，规划符合要求。国家现行规范要求机动车公共停车场的服务半径，在市中心地区不应大于 200 m，规划中将停车场分为地下停车场与地上停车场分别布置在地块内，满足服务半径需求。

美中不足的是对临街空间打造较为粗犷，若能加强对临街空间的设计将使整个规划更加完美。

表现：版面构图完整，比较均衡，用色大胆奔放，画面层次分明，鸟瞰图加深的轮廓使得画面格外生动。分析图的表达则需要加强。

5.3 旧城更新规划设计

5.3.1 旧城更新规划要点解析

① 旧城更新规划需根据地区发展历史及文化保护价值，对风貌协调区和一般旧城地区赋予不同的改造目标，使用不同策略分别进行改造。

② 古建筑、古井、古树等历史文化产物需给予保护。规划的建筑要与周边原有景观风貌相符。

③ 旧城更新规划要以改善人居环境为基本任务，构建道路微循环系统，避免对旧街道的大规模拓宽，同时坚持用地红线避让紫线，协调历史风貌的原则。

④ 旧城更新规划应增加开敞空间和慢行系统，创造舒适良好的公共空间。

⑤ 旧城更新规划设计基本原则。社会性：改善人居环境、保持原有社会生态空间网络、关注弱势群体、提倡居住的混合性和异质性。经济性：提升经济活力，奠定旧城更新的物质基础。文化性：发展延伸历史文化，让人们有文化认同感和精神寄托。生态性：提升对环境的改造，为人们提供更高品质的人居环境。

5.3.2 国家现行规范条例在旧城更新规划中的应用

历史文化街区建设控制地带内应严格控制建筑的性质、高度、体量、色彩及形式。

历史城区道路系统要保持或延续原有道路格局；对富有特色的街巷，应保持原有的空间尺度。历史城区内不宜设置高架道路、大型立交桥、高架轨道、货运枢纽；历史城区内的社会停车场宜设置为地下停车场，也可在条件允许时采取路边停车方式。

历史城区内不得布置生产、贮存易燃易爆、有毒有害危险物品的工厂和仓库。在城市紫线范围内禁止进行下列活动：损坏或者拆毁保护规划确定保护的建筑物、构筑物和其他设施；占用或者破坏保护规划确定保留的园林绿地、河湖水系、道路和古树名木等。

5.3.3 旧城更新规划设计优秀案例欣赏

案例 1

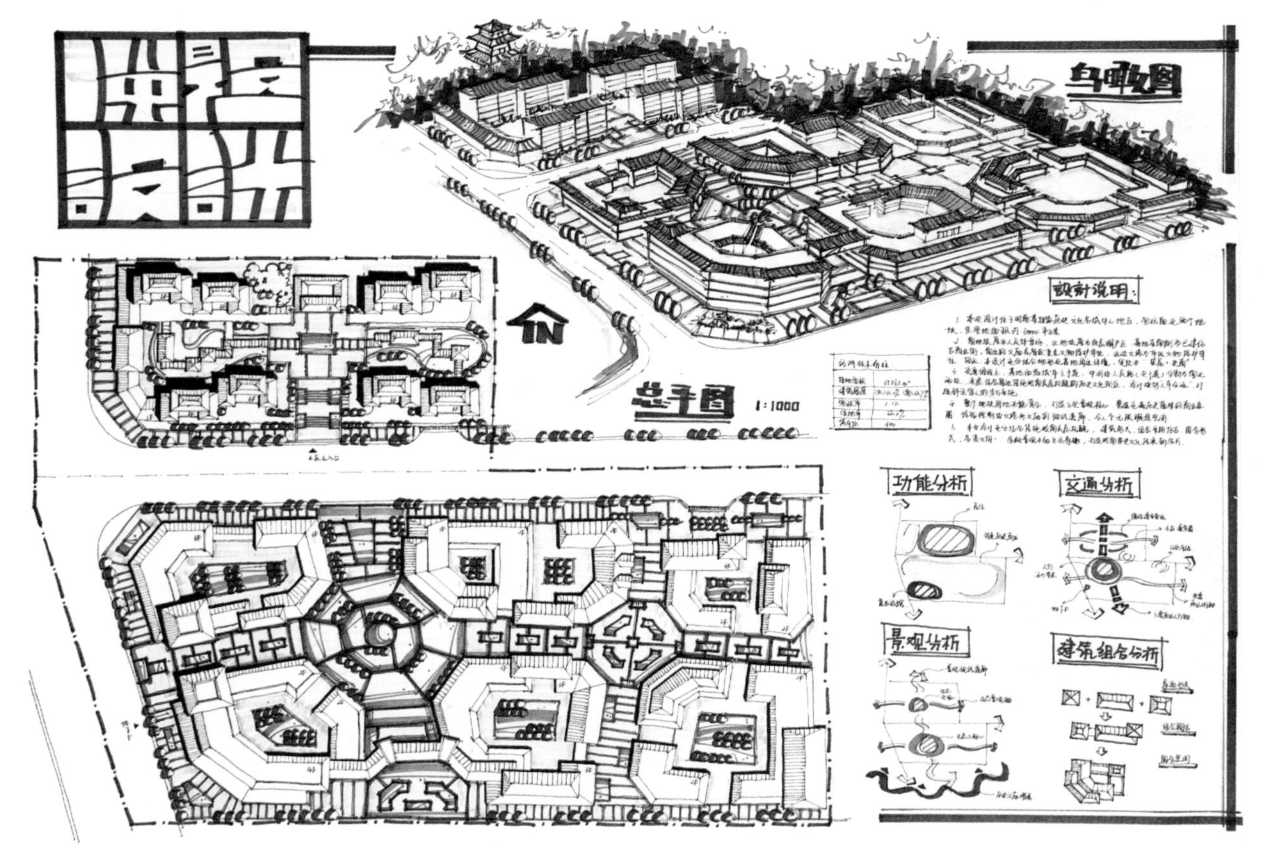

阎希 绘

案例 2

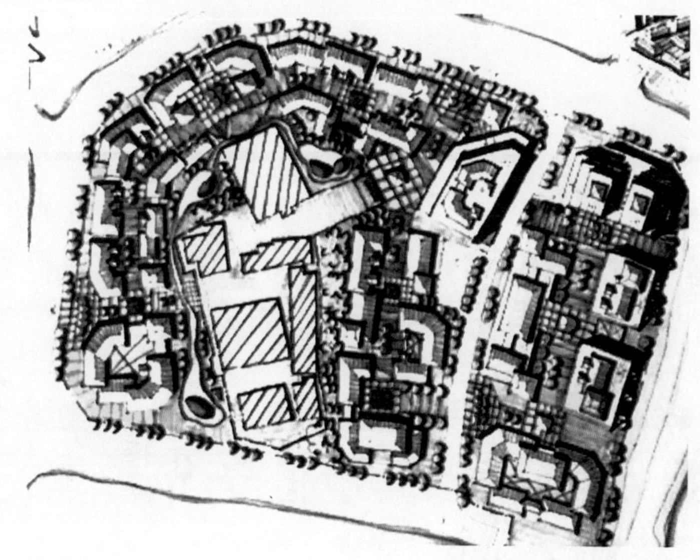

彭德娴 绘

解读

1. 该设计为一个历史文化名城的更新改造，因此在设计时充分利用基地内原有建筑，对其赋予新的功能。
2. 该设计用一个S形轴线解决人行交通问题。
3. 该设计利用需要保护的建筑形成景观中心，结合外围建筑，丰富了建筑空间的层次感。

案例 3

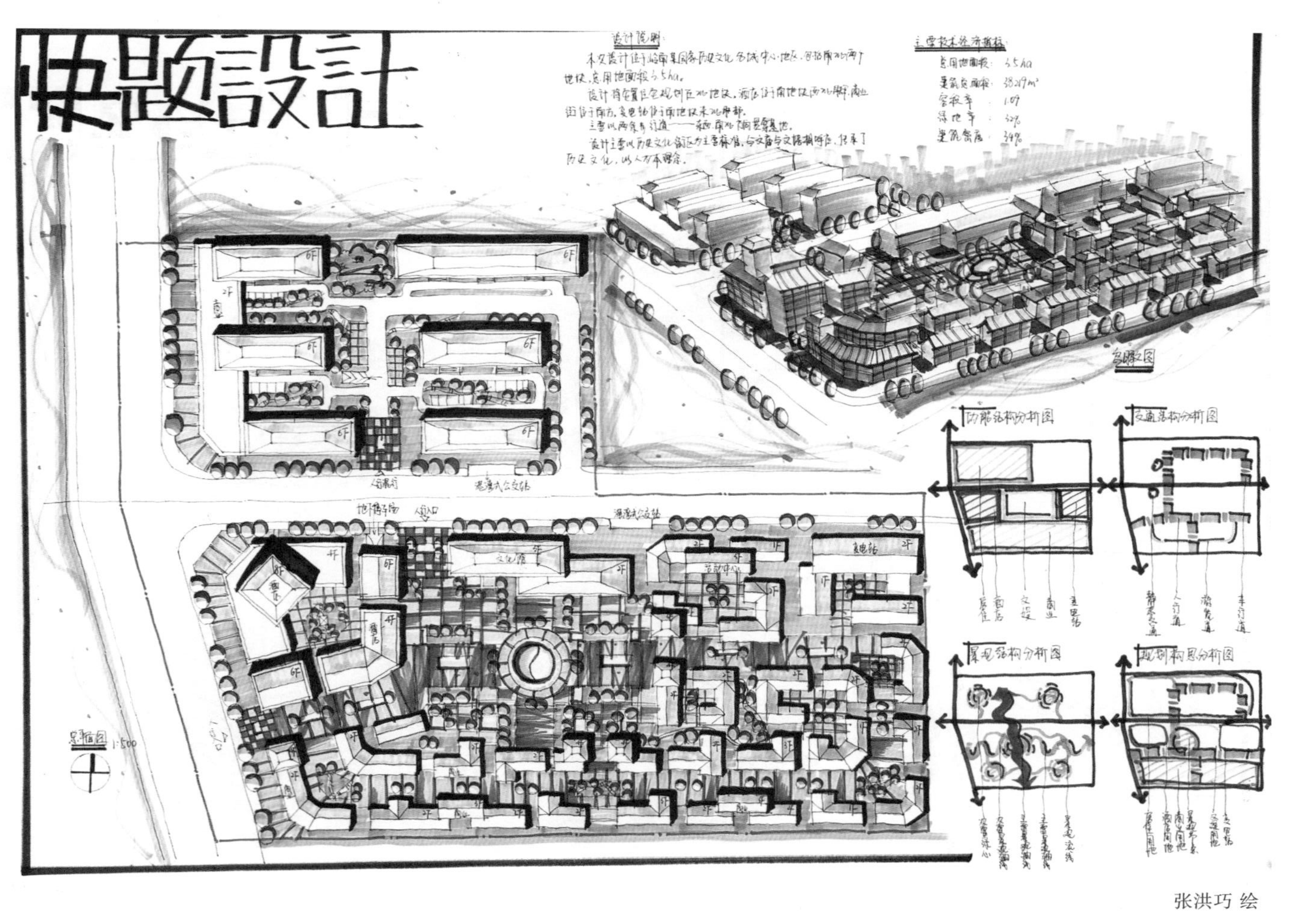
快题設計
设计说明
主要技术经济指标
鸟瞰图
功能结构分析图
交通结构分析图
景观结构分析图
规划构思分析图
总平面图 1:500

张洪巧 绘

案例 4

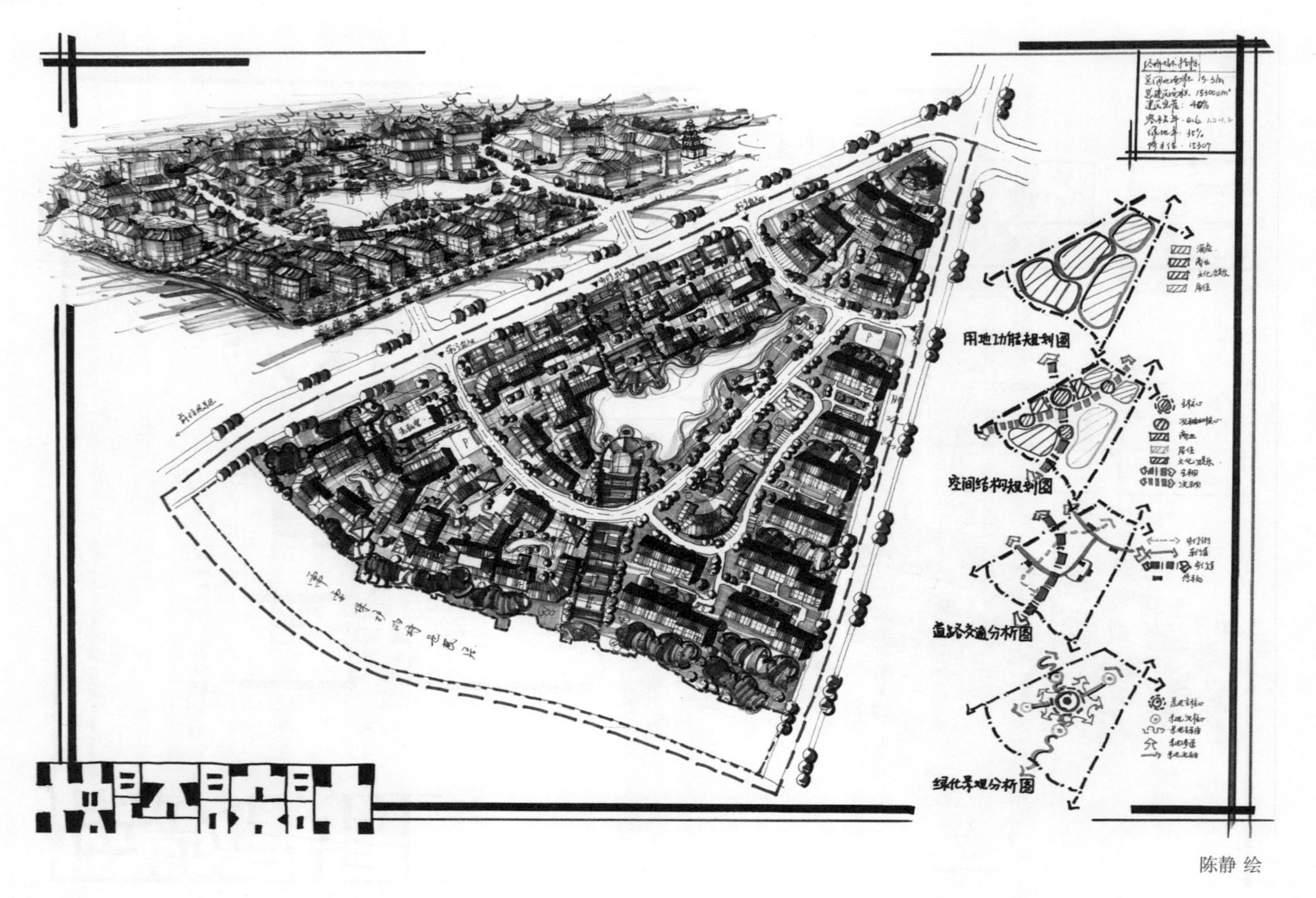

陈静 绘

案例 5

曾琪琪 绘

案例 6

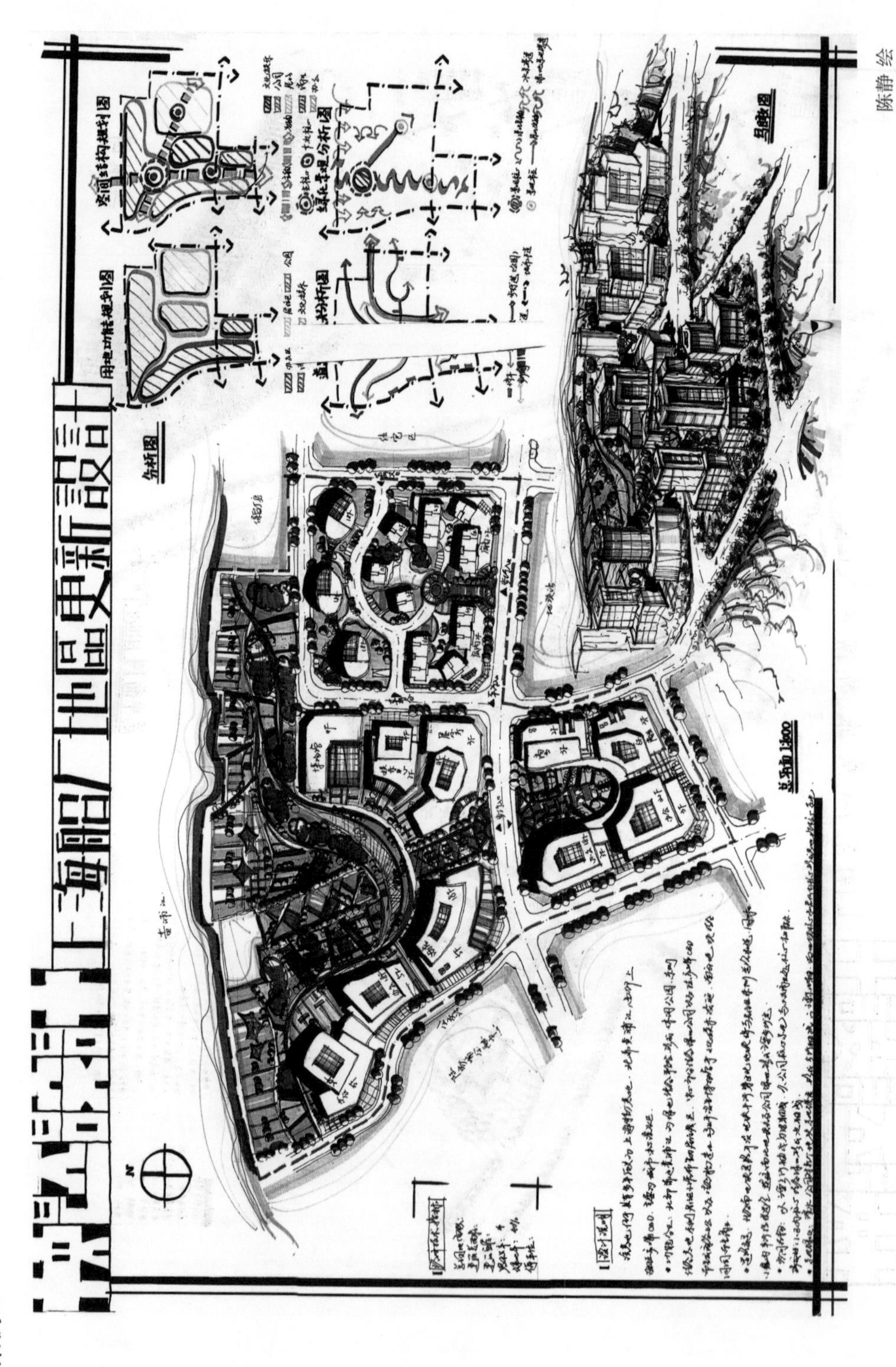

陈静 绘

案例 7

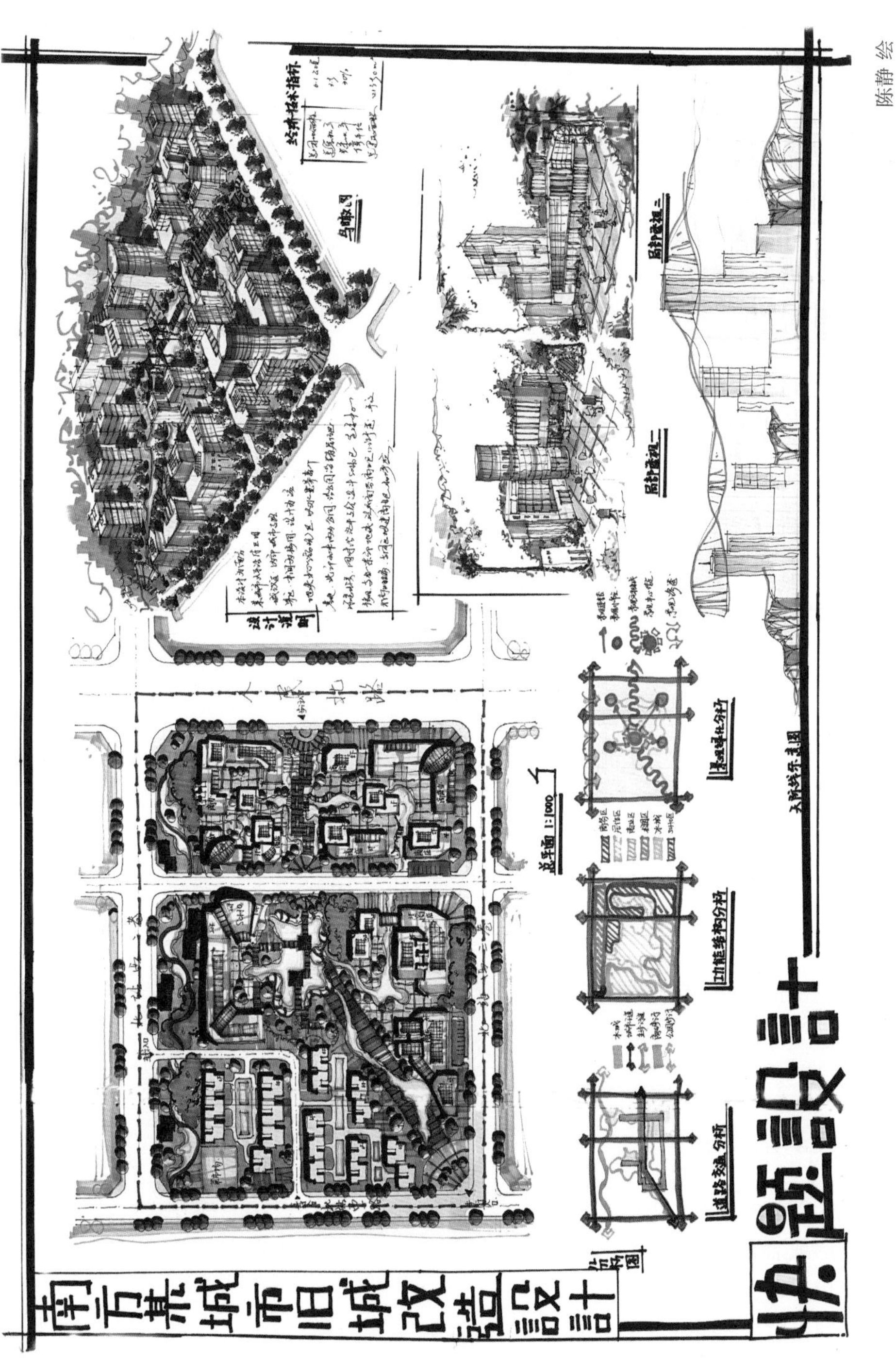
南方某城市旧城改造設計
快题設計
鸟瞰图
经济技术指标
设计说明
总平面 1:1000
局部透视一
局部透视二
道路交通分析
功能结构分析
景观绿化分析

陈静 绘

例题:任务书　历史地段综合街坊规划设计

一、基地概述

基地位于西南某国家级历史文化名城中心地区,总用地面积约 10 hm^2。基地西侧为千年古刹——报恩寺,报恩寺由东而西地势次第升高,规模宏大,布局严谨,装饰华丽,工艺精湛,是宫殿、庙宇兼而有之的旅游名胜,同时是省级重点文物保护单位,位于最西面的大佛殿地势最高,共高 24 m(含地势高)。基地东侧为传统川西北民居风貌的历史文化街区(青石板巷,2 层建筑),有明代古塔一座,保护规划要求保护从报恩寺大佛殿眺望古塔的视线通廊。其他方向相邻均为川西北民居住宅。基地南侧有河流穿过,地形见附图。

二、功能构成

1. 结合报恩寺设计旅游文化商业步行街。
2. 面向自助游旅客的 150 间房的连锁酒店,建筑面积 12 000 m^2。
3. 具有川西建筑特色的佛教展览馆,建筑面积 5 000 m^2。
4. 其他商业建筑 20 000 m^2(可分散布置)。

三、规划设计要点

1. 建筑密度小于 30%。
2. 总容积率(FAR)应小于或等于 1.0。
3. 绿地率不小于 25%。
4. 应设计总共不少于 10 000 m^2 的城市绿地或文化活动广场。
5. 建筑限高 18 m。
6. 地面停车位 150 个,可考虑设置地下停车场。
7. 建筑造型应考虑与历史文化街区传统风貌相协调。
8. 建筑后退城市次干道(宽 15 米)红线大于 8 m,后退支路和其他街巷(宽 12 m)大于 5 m。

四、设计表达要求

1. 总平面图 1∶1 000,须注明建筑名称、层数、广场、绿地、停车场等要素。
2. 鸟瞰图或轴测图。
3. 表达构思的分析图(自定)。
4. 附有简要规划设计说明和经济技术指标。
5. 图纸尺寸为标准 A1(841 mm×594 mm)大小。

五、考试时间：6 小时

六、附图

基地现状图

考题浅析

1. 基地位于西南某国家级历史文化名城中心地区，规划应充分考虑其历史文化背景，体现传统地域特色风貌。
2. 根据周边地块用地性质，合理组织地块内部功能分区；注重特色步行街的打造，引入第三产业增添地区活力。
3. 注重基地的公共开放性，以分散人流的原则结合周边城市道路，合理组织道路系统。
4. 考虑从报恩寺大佛殿眺望古塔的视线通廊打造景观廊道，同时利用水体和古井作为基地的景观元素。
5. 建筑造型应与历史文化街区传统建筑风貌相协调，酒店设计时注意限高，注重佛教展览馆的开放性。
6. 在规划设计时应满足各项指标。

优秀作品赏析

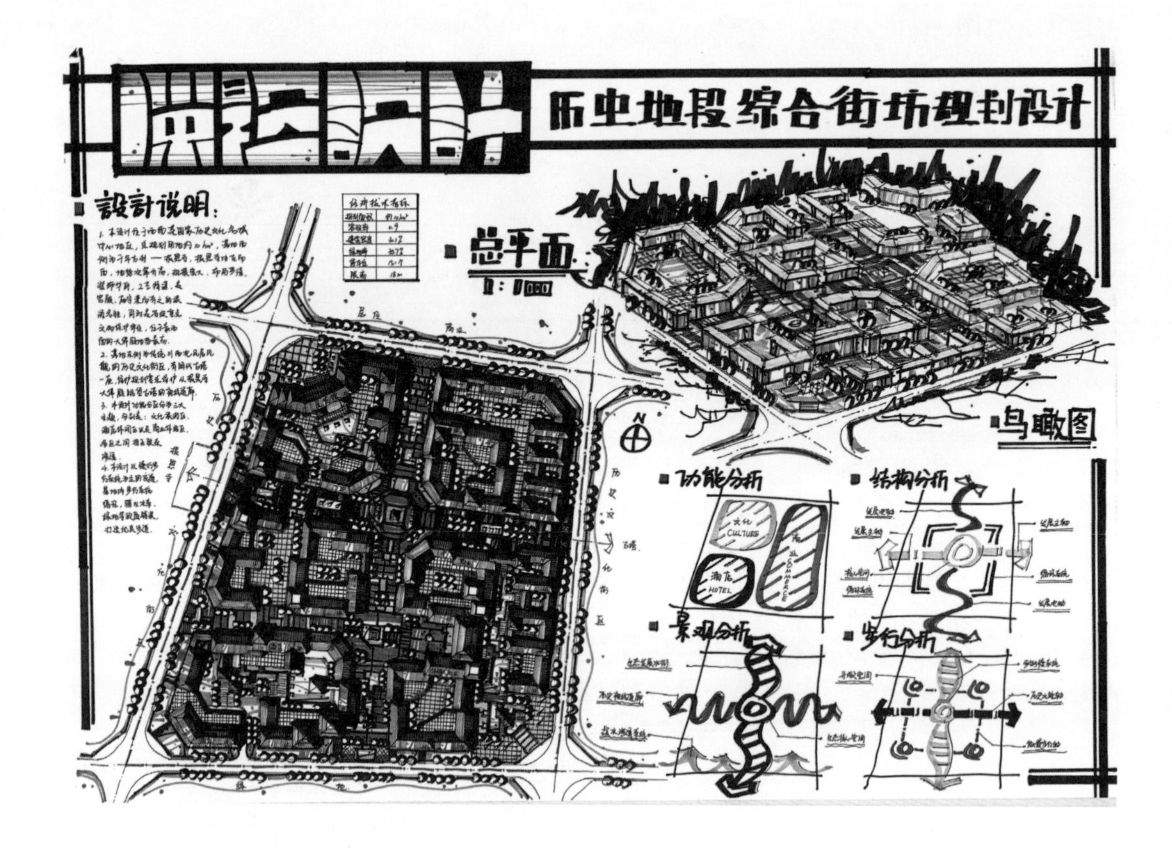

图纸大小	A1
表现方法	马克笔
考试时间	6 小时
作　　者	阎希

点评

规划：规划结构清晰，以十字形步行街与环状商业街组成空间构架，主次分明，形成了不同的公共活动空间，既有整体感又不失趣味；建筑形体组织明确有序，沿街形成了连续的界面；步行交通组织流畅，符合历史地段街区的开发利用要求。不足之处在于景观水体的布置过碎。

规划符合《历史文化名城保护规划规范》(GB 50357—2005)，考虑了控制建筑的性质、高度、体量、色彩及形式；但是规划忽视了对消防通道的考虑，根据《建筑设计防火规范》(GB 50016—2014)，占地面积大于 3 000 m^2 的商店建筑、展览建筑等单、多层公共建筑应设置环形消防车道，确有困难时，可沿建筑的两个长边设置消防车道。

表现：作品很有表现力，墨线工整，构图主次分明，尤其鸟瞰图表现得特别出色。方案的分析图表现十分清晰，对突显规划构思起到很好的辅助作用。

5.4 村庄建设规划设计

5.4.1 村庄建设规划要点解析

全面梳理村庄生态要素，依托尊重自然、顺应自然、天人合一的理念，顺应乡村的自然肌理，优化改善其空间、环境状况。

乡村建筑、景观等风貌塑造都应依托地方文化，突出地方特色，最终达到新旧融合，乡村整体风貌协调的目的。

乡村道路应避免设计错位的 T 型交叉路口。在同一点交汇的道路条数不宜过多。道路的走向应尽量沿等高线布置，减小高差，减少挖填方量。

乡村规划应遵循生态优先的原则，树立保护生态的意识，维护优良生态环境，避免设计中出现大面积的硬质铺装，同时避免人工化的绿化方式。房前屋后可种植农作物、果树等来绿化环境。

乡村规划应保留质量较好的建筑，避免大拆大建。

5.4.2 国家现行规范条例在村庄建设规划中的应用

历史文化名城、名镇、名村应当整体保护，保持传统格局、历史风貌和空间尺度，不得改变与其相互依存的自然景观和环境。

根据当地经济社会发展水平，按照保护规划，控制历史文化名城、名镇、名村的人口数量，改善历史文化名城、名镇、名村的基础设施、公共服务设施和居住环境。

乡驻地公共服务设施应根据乡驻地总体布局和公共服务设施项目的不同使用性质配置，宜采取集中与分散相结合的规划布局。

乡驻地公共服务设施规划应靠近中心、方便服务，结合自然环境、突出乡土特色，满足防灾要求、有利于人员疏散。

乡村道路路面宽度：主要道路路面宽度不宜小于 4.0 m；次要道路路面宽度不宜小于 2.5 m，路面宽度为单车道时，可根据实际情况设置错车道；宅间道路路面宽度不宜大于2.5 m。

已有公共活动场所的村庄应充分利用和改善现有条件，满足村民生产生活需要；无公共活动场所或公共活动场所缺乏的村庄，应采取改造利用现有闲置建设用地作为公共活动场所的方式，严禁以侵占农田、毁林填塘等方式大面积新建公共活动场所。

公共服务建筑应满足基本功能要求，宜小不宜大，建筑形式与色彩应与村庄整体风貌协调。

5.4.3 村庄建设规划设计优秀案例欣赏

案例 1

西安建筑科技大学快题周作品(阎希提供)

案例 2

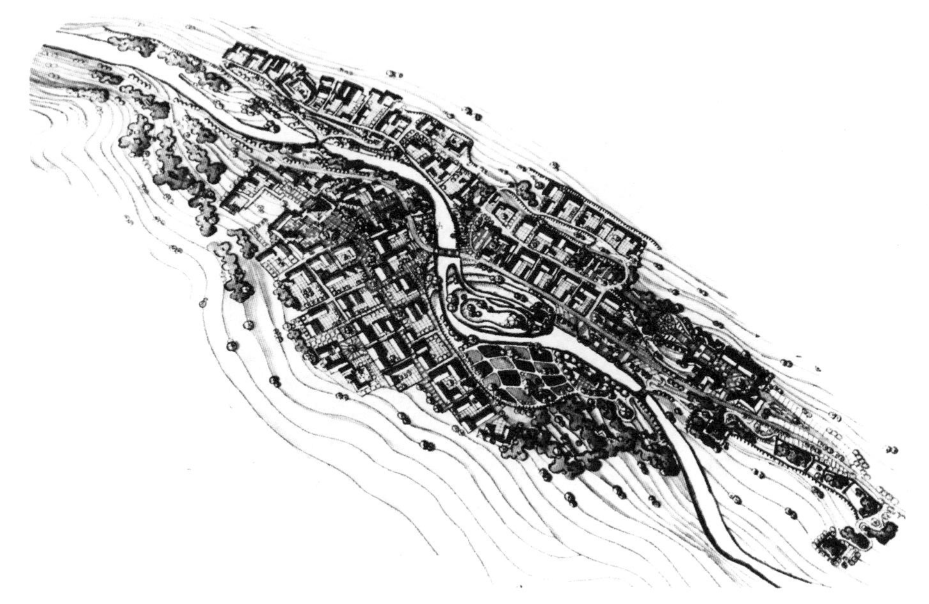

西安建筑科技大学快题周作品(阎希提供)

案例 3

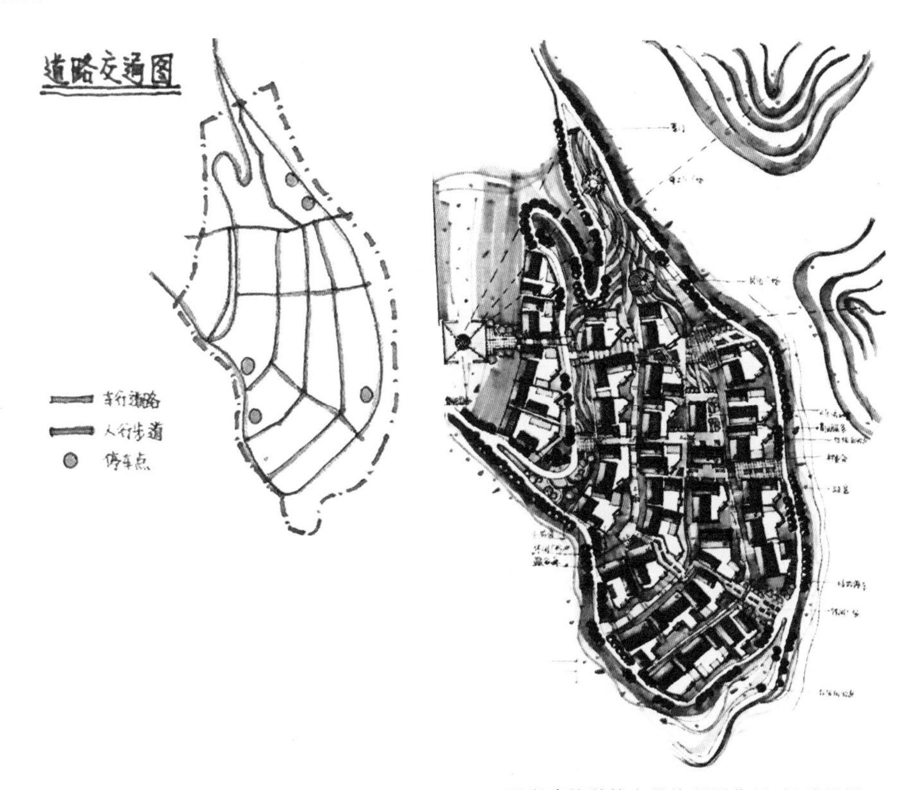

西安建筑科技大学快题周作品(阎希提供)

案例 4

西安建筑科技大学快题周作品(阎希提供)

例题:任务书1　林盘历史文化保护与生态旅游开发

一、基地概述

基地位于川西平原某村庄,该村庄有一处需保护与更新的基点——林盘,地处毗河与西江河交汇地带,距镇区3 km。其农家院落和周边高大乔木、竹林、河流及外围耕地等自然环境有机融合,形成了农村居住环境形态。林盘作为一个四面环水的生态绿岛,生态环境良好,自然田园风光独特。岛上现仅有3户居民居住,建设量不大。配套设施极不完善。

现根据该林盘良好的自然生态条件,以生态建设为重点,以水为魂,以林盘为载体,以生态农业和乡村休闲游为发展特色,打造一个产居合一、功能布局合理、文化内涵丰富、环境优美的现代新型林盘乡村生态旅游驿站。

规划地块南侧入口有座石桥,是进入林盘的必经之路,地形详见附图。

二、拟功能构成

1. 滨水旅游休闲:需设置乡村客栈(充分利用现有建筑,对其进行改造利用)、休息亭、观景亭、休闲亭廊和露营地等。

2. 景观农田:需设置农田栈道、田园草亭、水果采摘园、花卉欣赏园、农耕体验园等。

3. 生态湿地景观:需设置各类花卉、水车、游步道、休闲亭等。

4. 村庄院落:需进行农家院落保护更新。

三、规划设计要点

1. 建筑层数≤3F。

2. 停车场位于规划范围之外,基地内交通路线全为人行道路系统。

3. 充分利用本地的地理优势和地方建筑材料,保护传统文化和自然田园风貌,塑造自然和谐的新川西林盘特色。

4. 科学合理地保护川西林盘自然生态环境,保护林盘现有良好自然环境中的竹林、水系和传统农居风貌。

5. 开发和利用稀缺资源,打造滨水休闲廊道,发展庭院经济,带动乡村旅游发展,实现以产促旅、以旅助产,产、居、游三位一体,协调发展。

四、设计表达要求

1. 总平面图1∶1 000,须注明建筑名称及层数、旅游设施、停车场等要素。

2. 建筑风貌整治示意图或滨河局部透视图(2～4幅)。

3. 乡村院落风貌整治放大图1∶500。

4. 表达构思的分析图3～4幅,比例自定。

5. 设计说明和经济技术指标。

五、考试时间:6 小时

六、附图

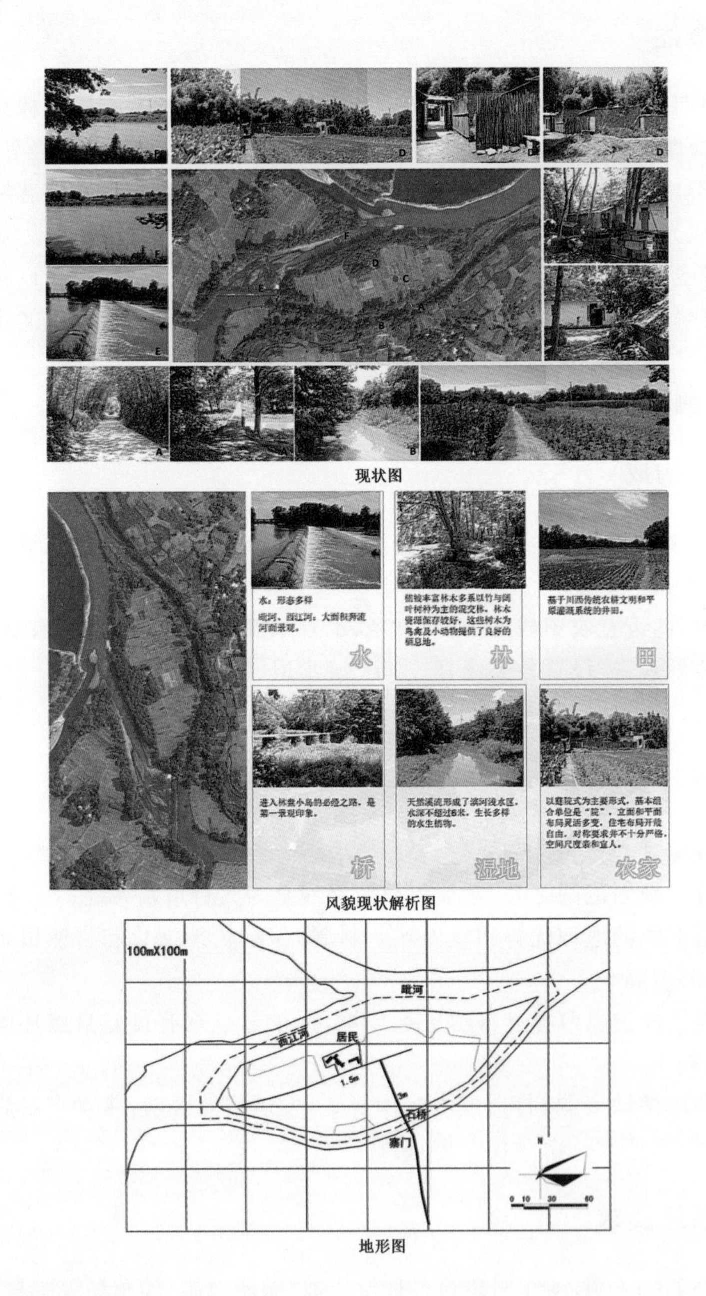

现状图

风貌现状解析图

地形图

考题浅析

1. 建筑应保持原有的生态肌理,不宜大拆大建。对现有建筑进行风貌改造,使其与现有的自然环境肌理完美融合。
2. 保护基本农田与耕地,尽量不占用农田。
3. 保护村庄原有的院落与布局形式。
4. 完善公共配套设施。

优秀作品赏析

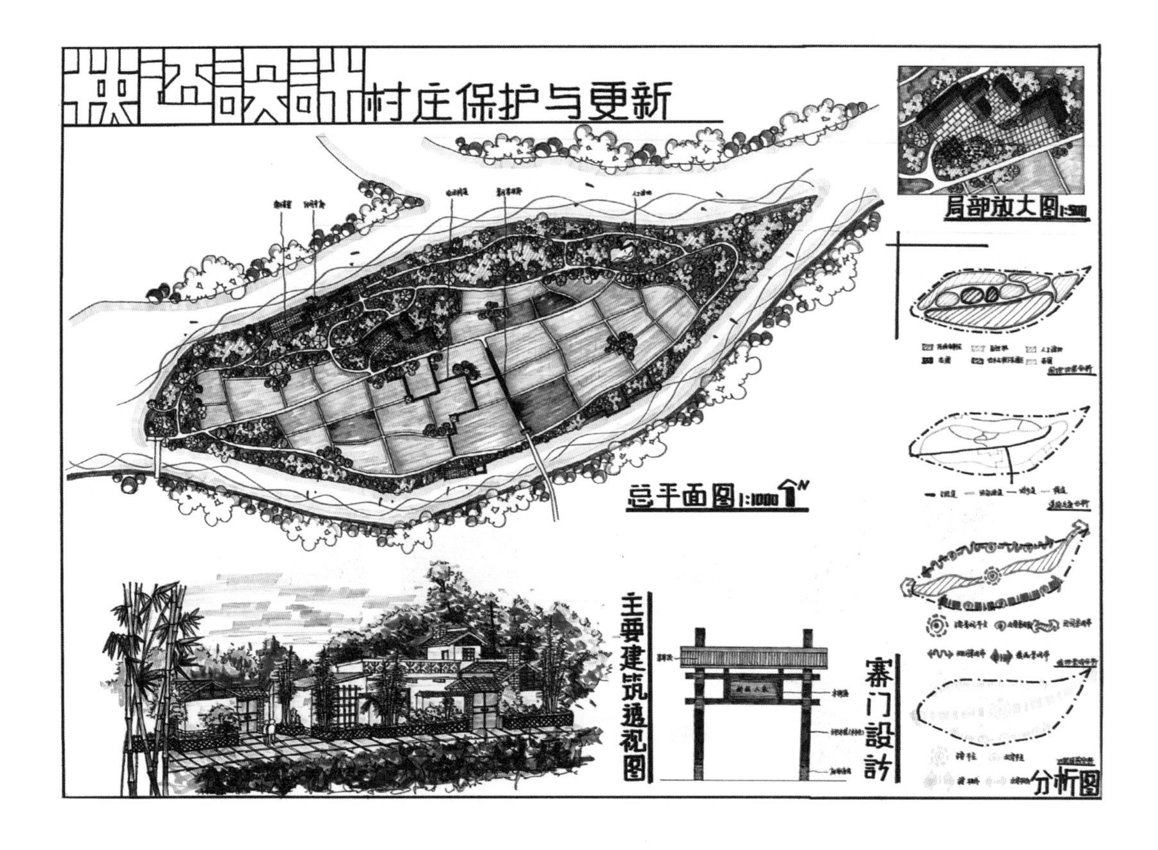

图纸大小	A1
表现方法	马克笔
考试时间	6 小时
作　　者	曾琪琪

点评

规划：规划功能合理、结构清晰，结合基地水景，形成了独特的滨水休闲空间。对现有院落的改造构思新颖，对景观的打造丰富多彩，提供充足的体验感受。

规划主要道路路面宽度大于 4 m，以农村特色题材为主，突出地域民族文化特色。设计手法提倡自然，岸线避免了简单的直锐线条，人行便道避免了过度铺装，符合国家现行规范。

表现：版面构图比较完整均匀，图面色调清新亮丽，利用色彩的微差对景观进行了丰富的描绘，透视图表现特别出色，起到了画龙点睛的作用，但分析图的表现则需要加强。

例题:任务书2　某某村藏族民居风貌整治与更新

一、基地概述

基地位于阿坝藏族羌族自治州茂县叠溪镇西北部，目前总人口为342人，共83户，其中新建10户，面积为2 034.80 m^2，多为1～2F，少量3F，部分质量较差，原有住宅面积为20 894.49 m^2，全村地势北高南低、东高西低，村路可达性不高、质量差，基础设施不完善，缺少公共活动场地与公共设施。

根据该村现有的自然条件和资源，尊重文化发展，以藏族文化底蕴渗透整个村庄的整治与改造，提倡生态优化，完善公共设施，强化干道建设，引导乡村发展，塑造沿线景观展示乡村形象，打造一个公共设施齐全、道路可达性强、整体风貌协调，能充分体现藏族地域特色的现代化新型生态村。

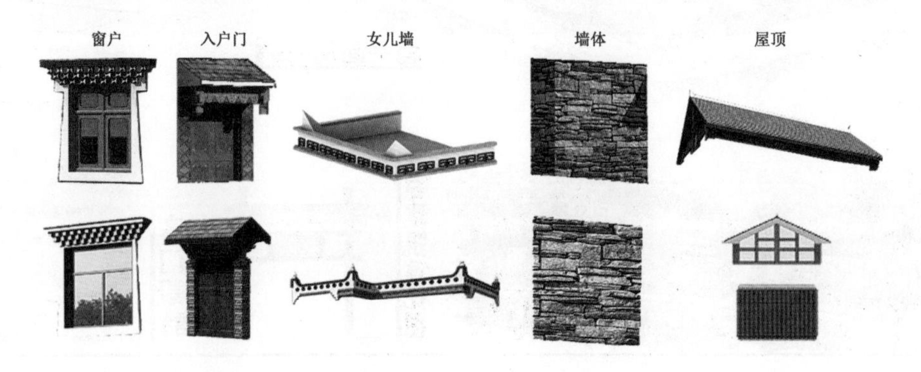

二、规划设计要点

1. 需布置200 m^2 左右的公共建筑(村委会、卫生室、活动室)，占地1 000 m^2 左右的活动中心及1 000 m^2 左右的娱乐活动广场(形式自定)。

2. 建筑层数≤3F。

3. 为了提高人们的生活品质，需为该村配备完善的公共服务设施、公共活动场所及配套设施。

4. 充分利用本地的地理优势和地方建筑材料，保护传统农居风貌，充分体现藏族地域特色。

拟更新农居风貌图

三、设计表达要求

1. 总平面图 1∶1 000,须注明建筑名称及层数。
2. 鸟瞰图。
3. 建筑风貌整治示意图(2～4 幅)。
4. 表达构思的分析图若干,比例自定。
5. 设计说明和经济技术指标。

四、考试时间:6 小时

五、附图

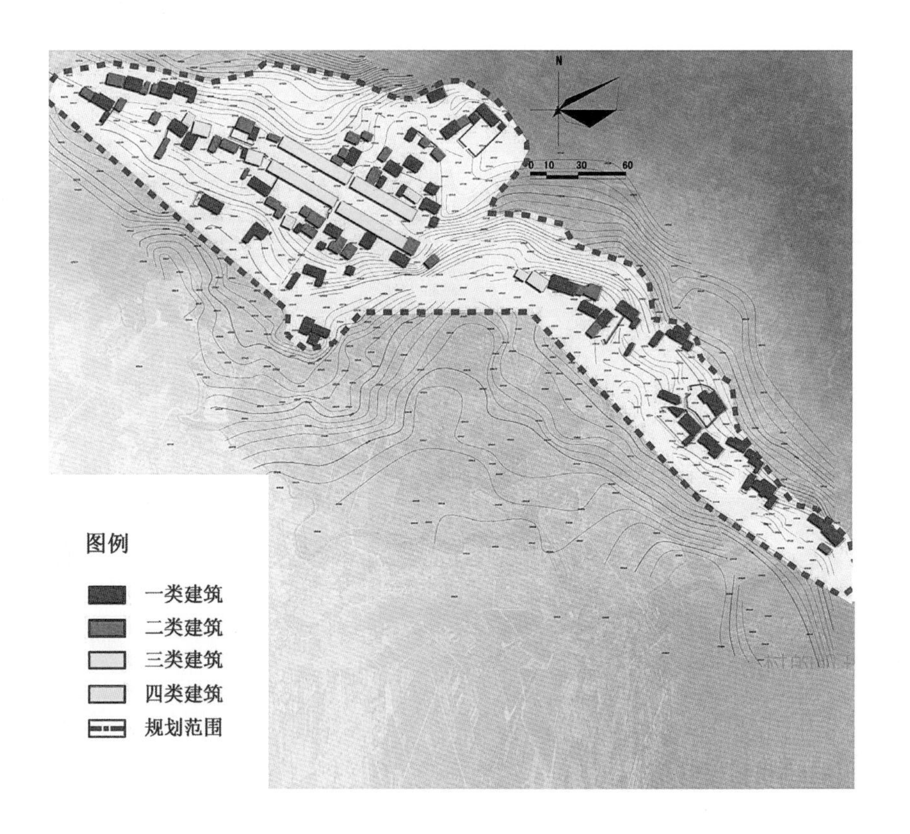

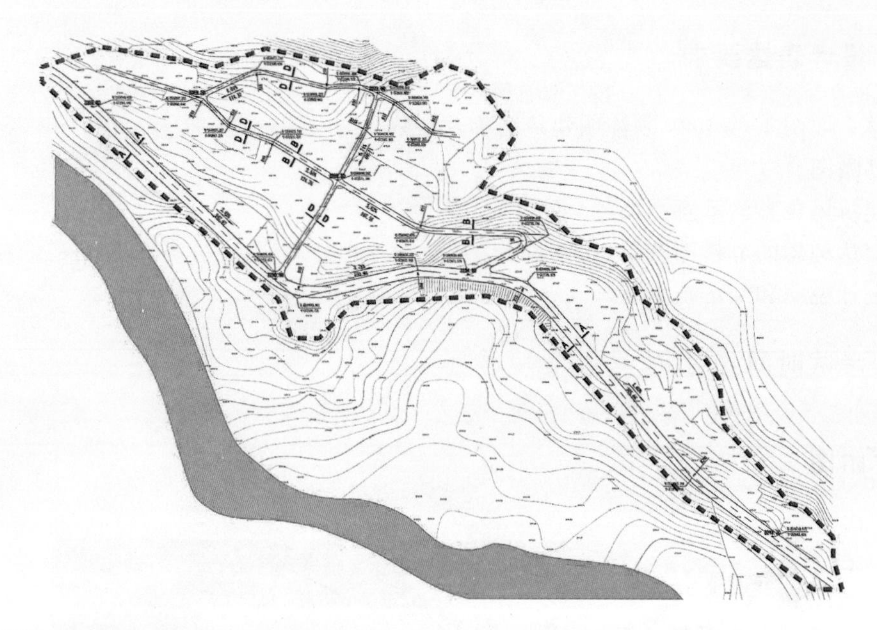

考题浅析

1. 完善公共配套设施，尊重现有藏族独有的建筑风貌。
2. 充分利用本地的地理优势和地方建筑材料，使新建建筑与原有建筑完美融合。
3. 利用现有文化元素，对现有一般建筑进行风貌改造，使其更能体现藏族特色风貌。

优秀作品赏析

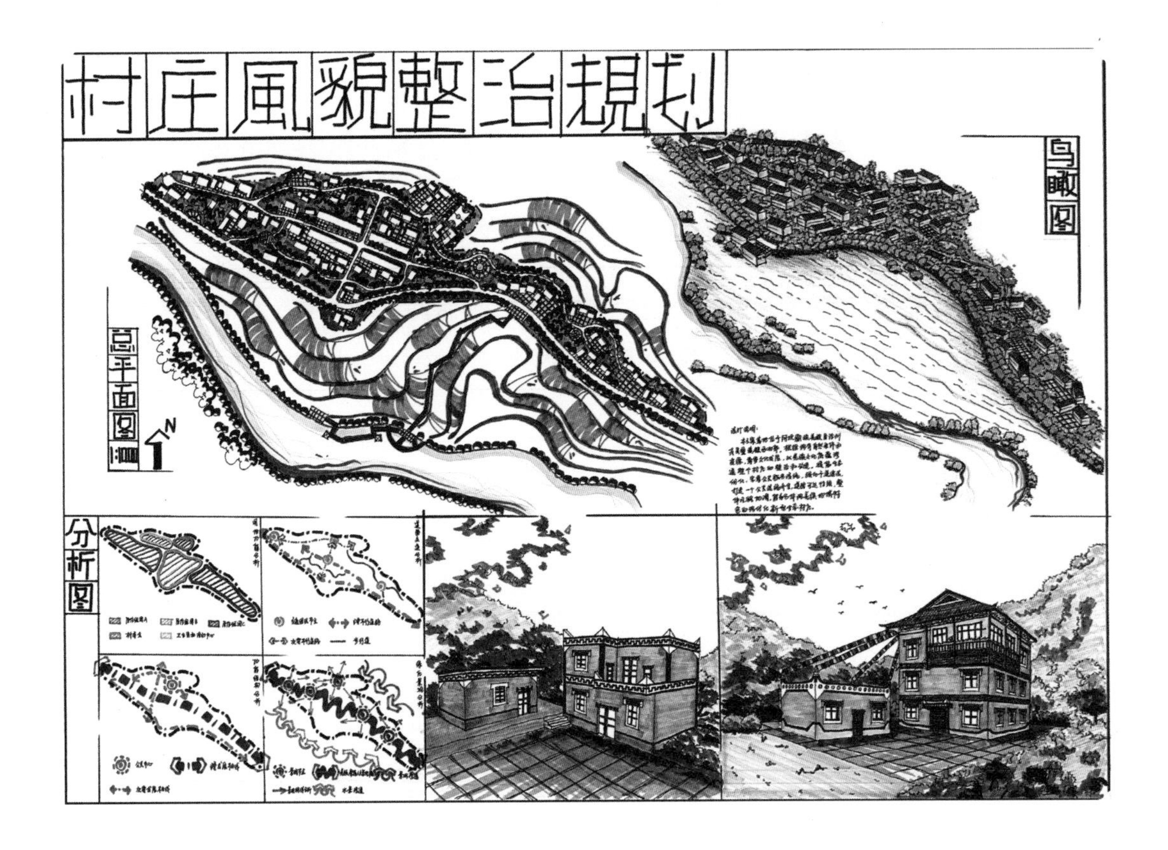

图纸大小	A1
表现方法	马克笔
考试时间	6 小时
作　　者	曾琪琪

点评

规划：规划构图完整，功能分区合理，交通流线和人行流线十分流畅，景观系统设置完善，由外渗透到内部，充分体现了乡村的新风貌。

乡驻地公共服务设施规划靠近中心，规划以不侵占农田、毁林填塘等方式新建了几个公共活动场所，根据村庄历史沿革、文化传统、地域和民族特色确定建筑外观整治的风格和基调，符合国家现行村庄规划建设方面的规范。

表现：构图紧凑、颜色清新亮丽、色彩搭配协调、墨线工整，给人眼前一亮的感觉；鸟瞰图和风貌整治图的表现特别出色，分析图的表现也十分有感染力，整个画面整洁、协调。

例题:任务书3　村庄发展保护与更新

一、基地概述

本案位于成都平原某村庄,该村庄原有客家古寨一座,素有“川西第一客家庄园”之称,坐北朝南,南面开阔,背靠缓坡。寨子核心保护区南、北、西侧有三处寨门,具有较高的历史文化价值。核心保护区主要沿寨子传统格局和历史风貌较为完整、历史建筑和传统风貌建筑集中成片的地区划定,面积总计 1.6 hm^2;风貌协调区应保证寨子核心保护区的风貌完整,面积总计 11.9 hm^2。其建筑内容应根据保护要求,取得与保护对象之间合理的空间景观过渡;于核心保护区外划定建设控制区,面积总计 5.3 hm^2。

现拟将其打造为集生态农业、旅游休闲度假、田园生态居住于一体的乡村田园生活空间,形成层次分明,衔接有序的街、巷、院的空间结构体系。规划地块东南侧有条宽 8 m 的拟建道路,北侧为一座水塘,南临护城河,规划范围总用地面积为 18.8 hm^2,地形见附图。

二、功能构成

1. 入口广场 6 500 m^2,文化广场 2 000 m^2,健身广场 1 500 m^2。
2. 接待中心,建筑面积 150 m^2。
3. 生态停车场。
4. 客家文化博物馆,建筑面积 1 000 m^2。
5. 中小户型住宅,不小于 10 000 m^2。

三、规划设计要点

1. 建筑密度小于 30%。
2. 总容积率应小于 0.6。
3. 新建建筑选型:1～2 人户 65 m^2、3 人户 85 m^2、5 人户 100 m^2。
4. 住宅建筑层数应不大于 3 层,商业服务业建筑层数不大于 3 层,工业及农业服务设施高度不大于 12 m。
5. 住宅停车配套指标不低于 0.5 车位/户。
6. 建筑风貌控制上应遵循“低楼层、紧凑式、川西式”的原则,不宜采用大面积硬化,避免人工化的绿化方式。道路宜顺应地形,尽量利用原有乡村道路,合理控制道路宽度,适当考虑错车道,并保持既有农田水系(排洪、灌溉)的完整性。

四、设计表达要求

1. 总平面图 1∶1 000,须注明建筑名称、层数、广场、生态停车场等要素。
2. 整体鸟瞰或轴测图。
3. 表达构思的分析图(比例自定)。

4. 户型平面图(比例自定)。
5. 附有简要规划设计说明和经济技术指标。
6. 图纸尺寸为标准 A1(841 mm×594 mm)大小。

五、考试时间:6 小时

六、附图

地形图

考题浅析

1. 本地块位于成都平原素有"川西第一客家庄园"之称的村庄,拟打造特色乡村田园生活空间。

2. 规划需尊重现有核心保护区,协调三区关系。

3. 结合地块现状,合理组织内外交通。广场和生态停车场的布置应考虑各组团的均衡服务性,注重慢行系统的打造。

4. 尊重保护原有建筑肌理,沿袭寨子传统格局,提取寨子围合形式。

优秀作品赏析

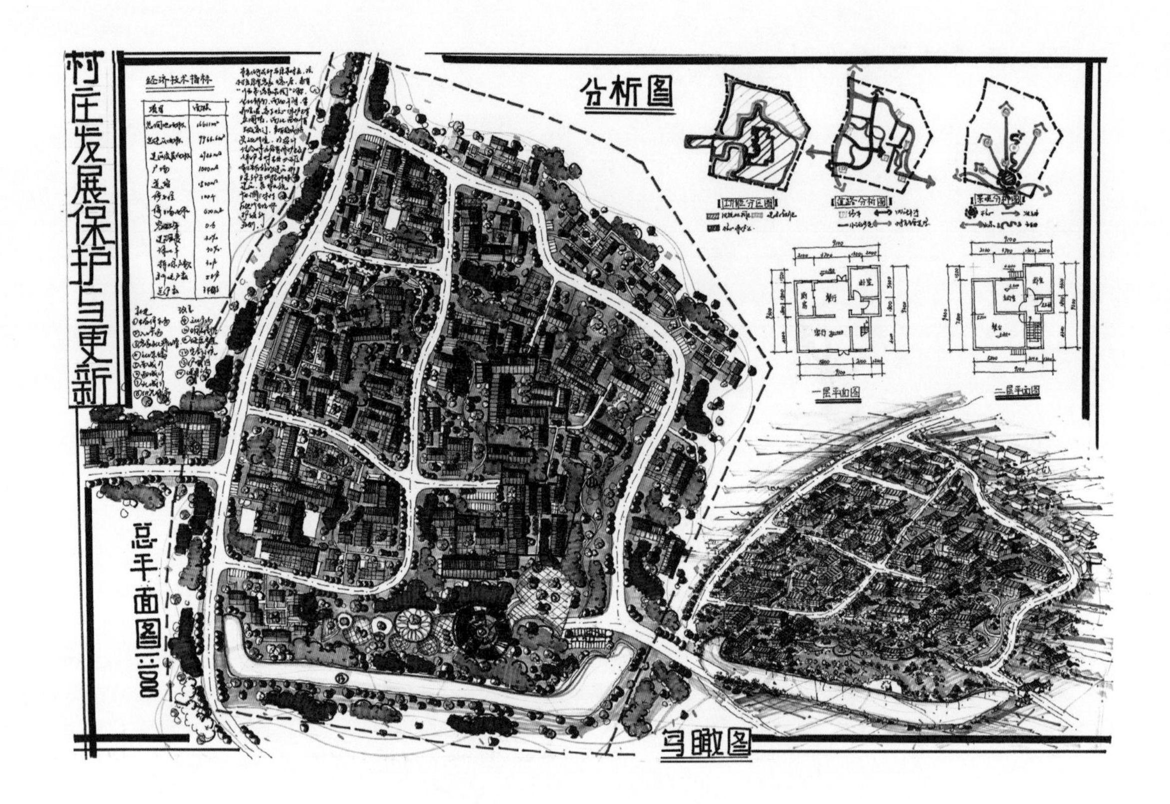

图纸大小	A1
表现方法	马克笔
考试时间	6 小时
作　　者	马静

点评

规划：充分尊重原有生态格局，合理地将客家文化元素融入建筑、景观，规划符合当地原有风貌。风貌协调区的规划实现了核心保护区与一般区域的景观风貌过渡。内外交通组织合理，组团路与主路联系紧密。

规划道路宽度不小于 4 m，尽端式道路与生态停车场相结合，可视为道路与尽端式回车场结合布置，满足国家现行规范中乡村规划的消防规范要求。国家现行规范要求历史文化名城、名镇、名村应当整体保护，保持传统格局、历史风貌和空间尺度，不得改变与其相互依存的自然景观和环境，规划符合条例，并且未损害历史文化遗产的真实性和完整性。

表现：色彩搭配不够合理，绿化与铺装表达欠妥。

5.5 创业园区规划设计

5.5.1 创业园区规划设计要点解析

① 主要功能：培训、办公、科研、生产、会议、居住、购物、休闲娱乐、接待、旅游等。

② 布置模式有以下几种。绿心模式：打造公共绿地，若有水景可将水作为建筑与景观的联系纽带；轴线式：将公共服务、研发等主要功能体沿轴线布置，成为园区的走廊和流线；园区容积率一般较高，可采用高层围合的形式，形成中心景观区域。

③ 建筑布置：研发、会议、展览等核心功能一般设置在中心处；仓储用地一般设置在道路旁边。

④ 道路形式：园区介于中心区和校园之间，一般使用环形道路来解决内部交通。

5.5.2 国家现行规范条例在创业园区规划设计中的应用

当办公建筑与其他建筑共建在同一基地内或与其他建筑合建时，应满足办公建筑的使用功能和环境要求，分区明确，宜单独设置出入口。

占地面积大于 3 000 m^2 的商店建筑、展览建筑等单、多层公共建筑，应设置环形消防车道；确有困难时，可沿建筑的两个长边设置消防车道。

5.5.3 创业园区规划设计优秀案例欣赏

案例 1

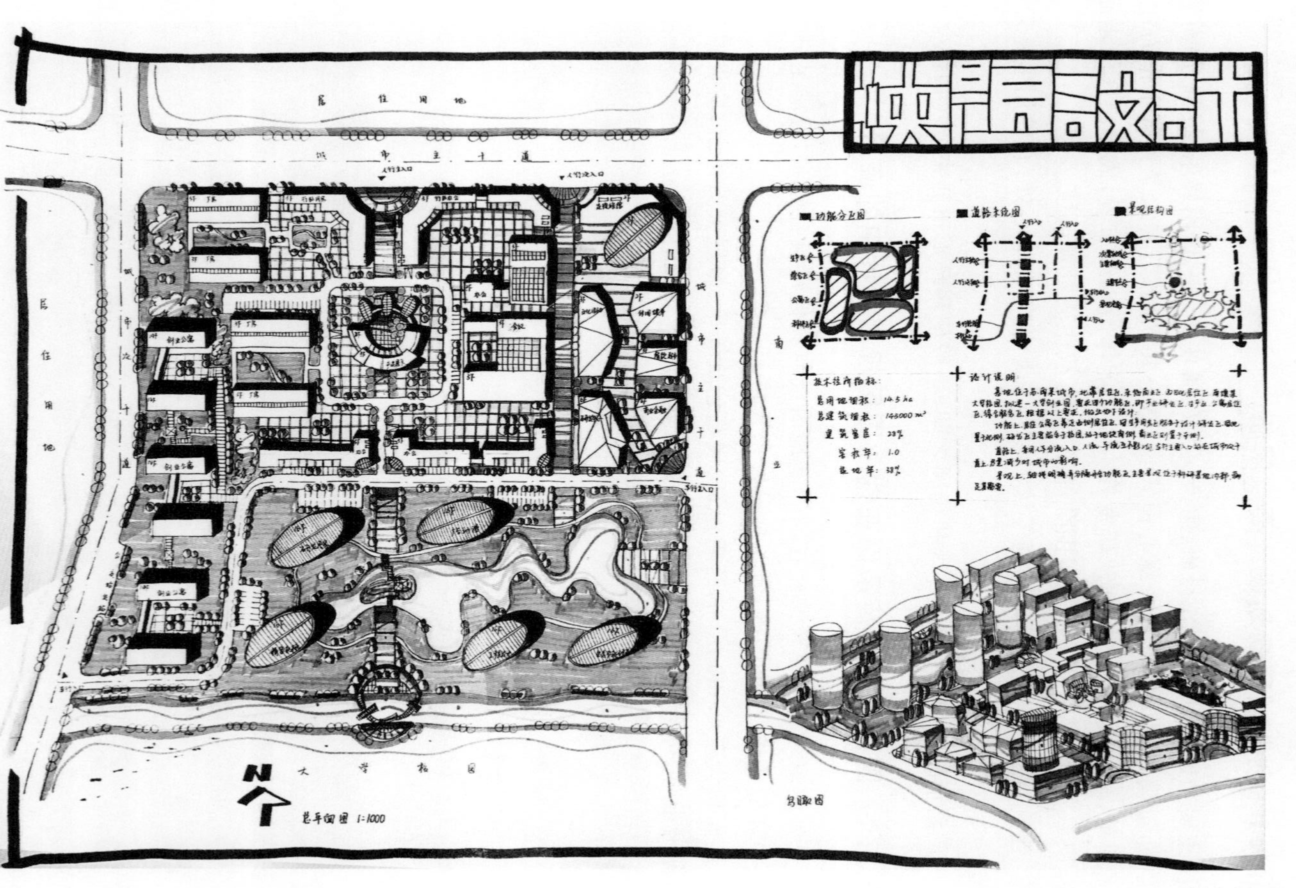

黄娇 绘

案例 2

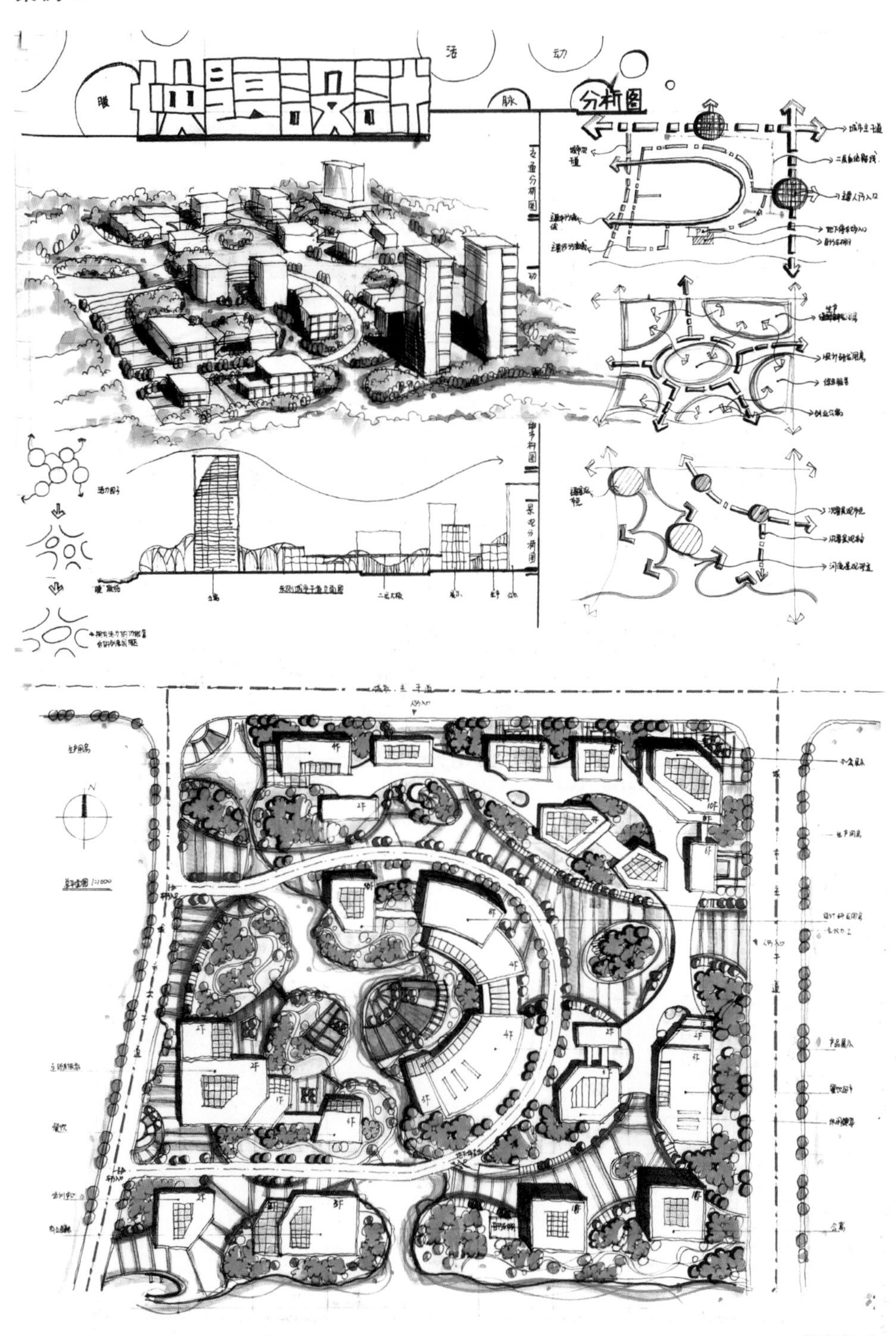

高庆华 绘

案例 3

U时代——某大学生创业园设计

闫希 绘

案例 4

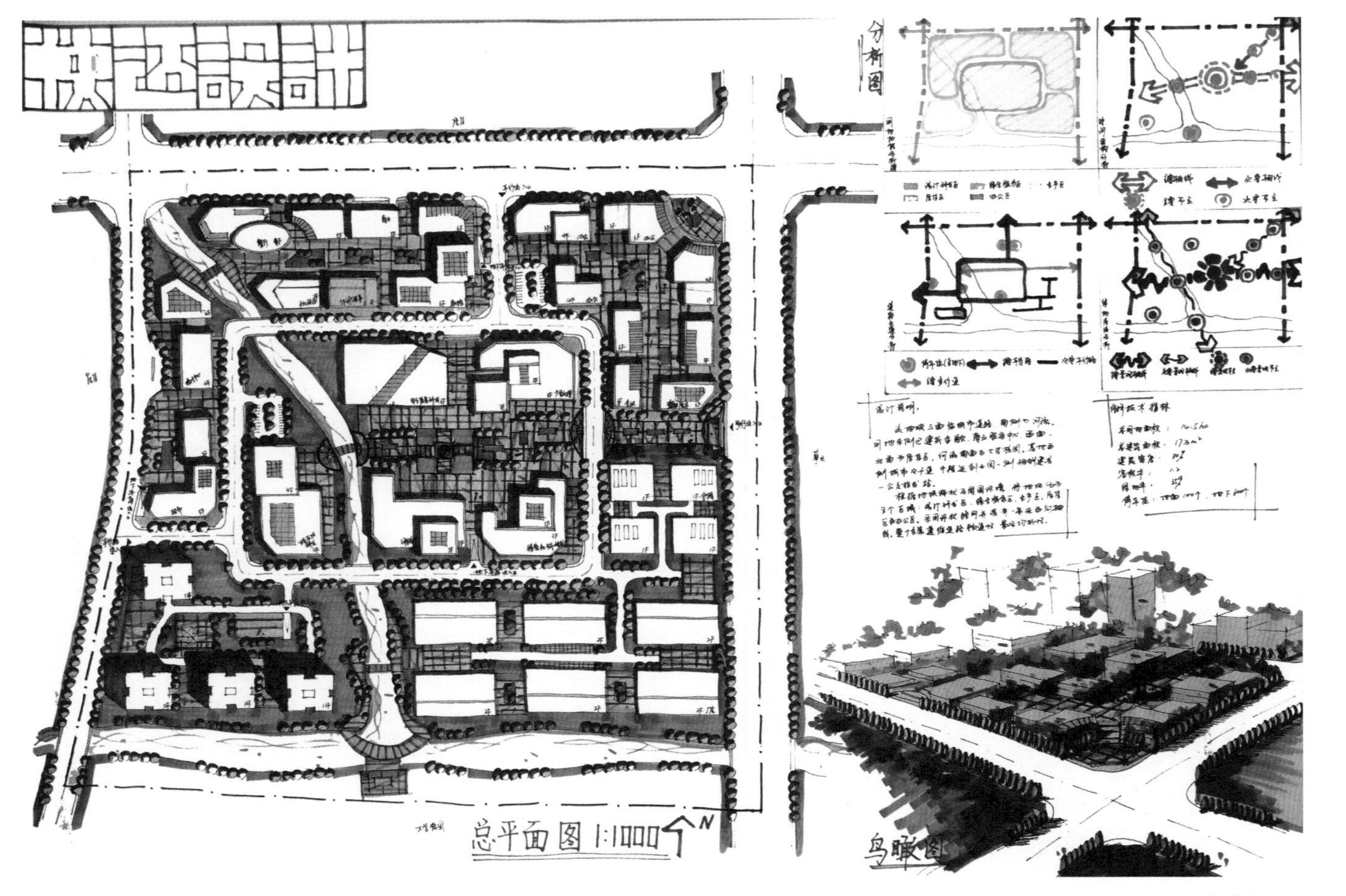

曾琪琪 绘

例题:任务书　中国科技城大学生创业园规划设计

一、基地概述

中国某城市新区与区内高校共建一大学生科技创业园,为不同类型和不同阶段的大学生搭建创业平台,为大学生创业起步孵化、发展壮大提供资金、辅导、人才推荐、技术咨询、财税咨询、法律咨询、市场开发、生产办公场地等全方位的创业服务和保障。

创业园规划用地为 12.7 hm^2。地块三面临城市道路,东侧为河流。用地南侧已建成区级金融、商业服务中心,西面、北面为商居区,河流东面为大学校园。用地现状较好,地势平坦,内有小河在其中穿过。地形见附图。基地西侧城市主干道中段近创业园一侧规划建设一公交站(港湾式,最大停放 4 辆公交车,可根据创业园规划设计方案定位)。

二、功能构成

1. 设计研发用房:建筑面积 35 000 m^2。分为电子信息研发、广告动漫、工程设计、精密机械研发、生态节能研发五大产业孵化器,各孵化器设 50～80 个创业空间及产品展示、会议等附属设施。

2. 生产用房:建筑面积 50 000 m^2,提供一定规模的厂房、办公场地以及产品展示、会议等附属设施,用以接纳经“孵化出壳”的成长性大学生创业企业,同时引进具有一定规模和良好发展潜力的高科技企业,形成集聚、示范和带动效应。

3. 创业公寓:建筑面积 25 000 m^2,40～70 m^2/套。

4. 综合服务:建筑面积 12 000 m^2。包括连锁旅馆(3 000 m^2)、培训中心(4 000 m^2)以及餐饮、超市、文化活动、休闲健身、商业金融等服务设施。

5. 其他设施:根据需要自定。

三、规划设计要点

1. 地块综合控制指标分别为:容积率≤1.2;建筑密度≤30%;绿地率≥35%;12 层≤创业公寓≤18 层,日照间距 1∶1.35;设计研发用房的建筑高度≤50 m;其他设施建筑高度≤24 m;建筑后退道路红线、东侧河流蓝线各 5 m。

2. 本地块地面设置停车位 100 个左右,其他为地下停车位。创业公寓应设自行车库和地下停车库。

3. 规划地块内河流应尽量保留,但可根据设计者意图适当改造与整治。

4. 公交停靠站附近建筑应适当后退。

四、设计成果

1. 总平面图 1∶1 000,须注明建筑名称、层数、建筑平面形态,人行、车行道路及停车场地,室外场地、绿地及环境布置。

2. 整体鸟瞰图或轴测图。
3. 表达构思的分析图(自定)。
4. 附有简要规划设计说明和经济技术指标。
5. 图纸尺寸为标准 A1(841 mm×594 mm)大小。

五、考试时间:6 小时

六、附图

基地现状图

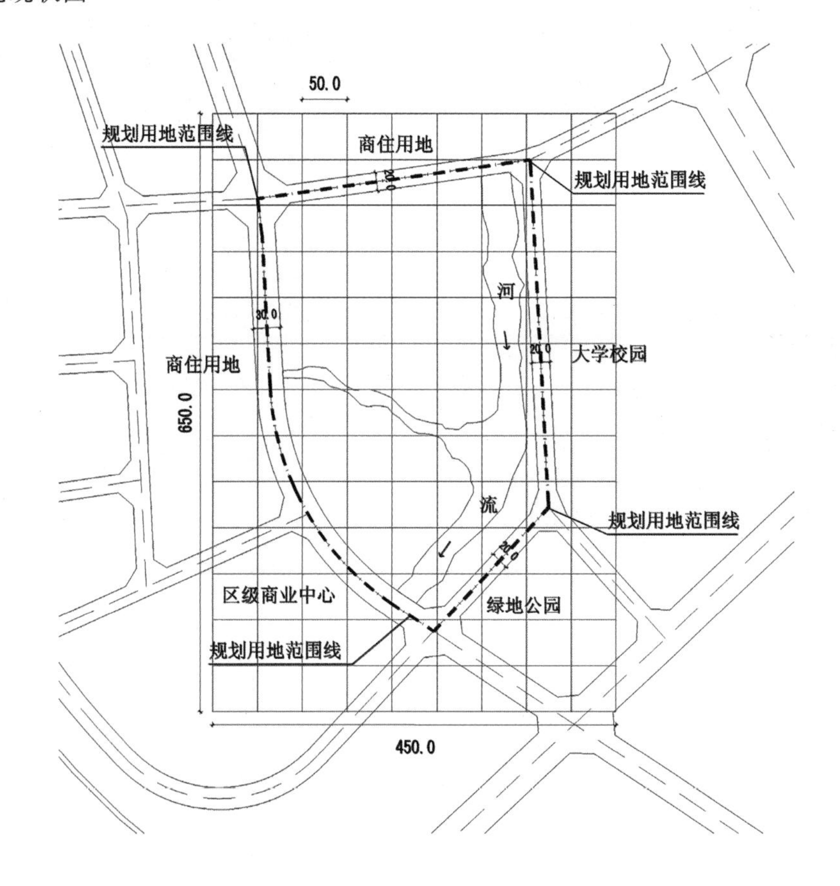

考题浅析

1. 根据周边地块的用地性质,结合四大功能区之间的关系,合理组织地块内部功能分区。

2. 结合水体进行地块景观设计,加强水系的公共服务性。

3. 地块的道路系统组织应考虑到各功能团的均衡服务性,考虑货车、轿车、步行各流线的合理组织以及地块出入口的设置。

4. 不规则地块的建筑布局和空间组织应与地块的边界有所呼应。

5. 考虑题目中各经济技术指标的限定。

优秀作品赏析

作品 1

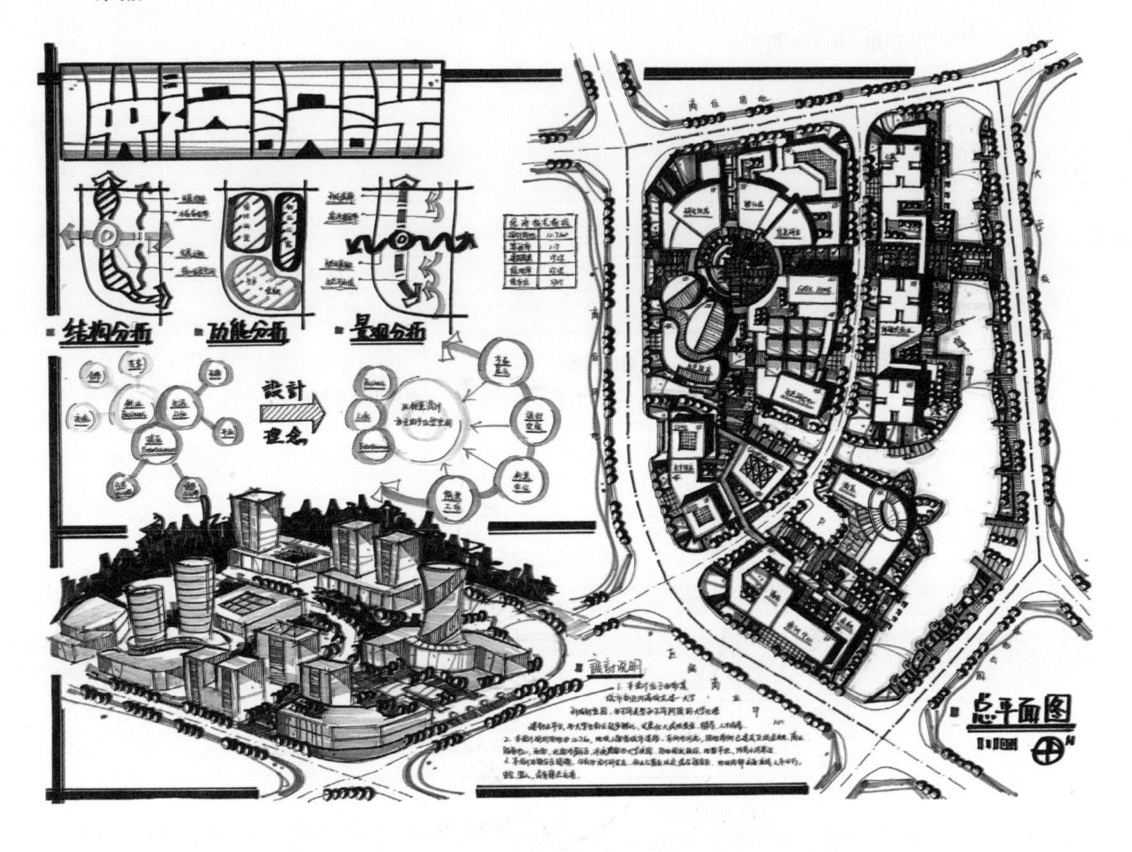

图纸大小	A1
表现方法	马克笔
考试时间	6 小时
作　　者	阎希

点评

规划：规划构图完整，结构清晰，分区合理，半环路和人行道十字轴完美搭配，严格实施人车分流。同时充分利用基地内的水景，形成了优美的滨水视线景观通廊。建筑切割丰富多彩、形态各异，使整个画面更加生动。

酒店建筑基地设有道路与城市道路相连，设计研发用房、生产用房的布置满足办公建筑的使用功能和环境要求，分区明确且设有单独的出入口，符合国家现行规范。

表现：内容完整、用色大胆，若鸟瞰图的用色能和总平面图的用色结合一下，画面将更加整体、协调。其设计理念用构图形式表现，给人更清晰明了的感觉。

作品 2

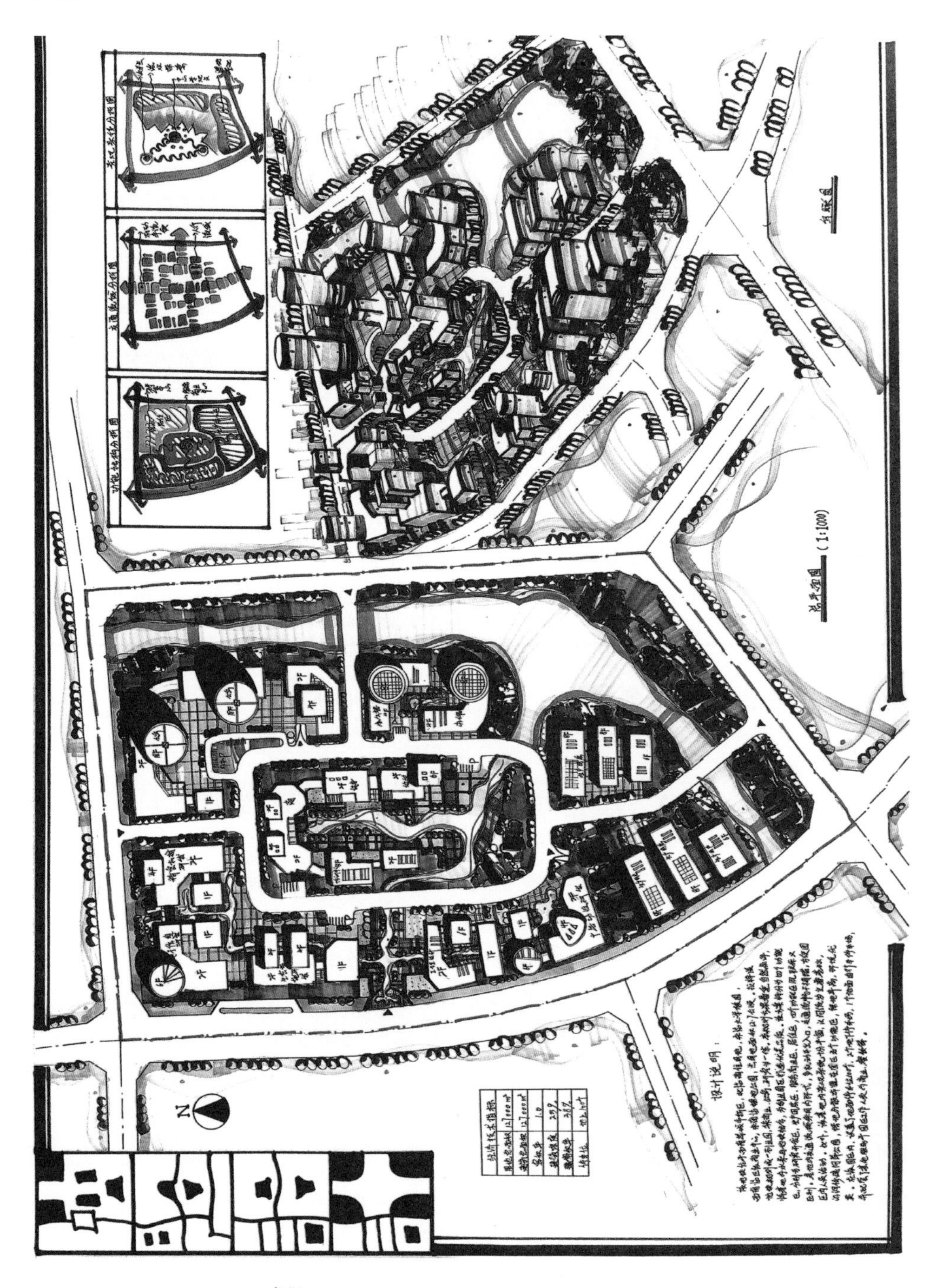

图纸大小	A1
表现方法	马克笔
考试时间	6 小时
作　　者	赵晴瑶

点评

规划：规划构图紧凑、分区合理，水和铺装结合形成较为突出的图面中心，车行采用内环路形式，流线清晰明了，若人行流线能表达得更加直白，整个方案会更加形象生动。规划基本符合国家现行规范。

表现：版面构图完整，主次分明，色彩搭配协调，线条工整，鸟瞰图表现十分出色，分析图的表达则需要加强。

5.6 校园规划设计

5.6.1 校园规划设计要点解析

校园规划分区主要有行政办公区、公共教学区、学院教学区、学生生活区、体育运动区。

行政办公区：宜设在出入口位置，方便办公。

公共教学区：通常位于学校中间位置，如果实验、科研建筑的规模较大则单独摆放，规模较小则可与教学楼设置在一栋楼中。

学院教学区：不宜离公共教学区太远，各个学院之间可通过建筑的形态设计来相互呼应。

学生生活区：宜设置独立对外出入口，方便学生出入，食堂一般位于生活区和教学区之间。

体育运动区：可临近城市道路设置，形成对外开放空间。一般包含有体育馆、风雨操场、运动场、400 m 跑道。当学校规模较大时，可考虑在宿舍区配套设置少量篮球场。

校园步行出入口和形象出入口宜设置在主要干道上，但避免车行出入口设在主干道上。

5.6.2 国家现行规范条例在校园规划设计中的应用

5.6.2.1 幼儿园

托儿所、幼儿园必须设置各班专用的室外游戏场地。每班的游戏场地面积不应小于 60 m^2。各游戏场地之间宜采取分隔措施。

四个班以上的托儿所、幼儿园应有独立的建筑基地，并应根据城镇及工矿区的建设规划合理安排布点。托儿所、幼儿园的规模在三个班以下时，也可设于居住建筑物的底层，但应有独立的出入口和相应的室外游戏场地及安全防护设施。

5.6.2.2 中小学

学校主要教学用房设置窗户的外墙与铁路路轨的距离不应小于 300 m，与高速路、地上轨道交通线或城市主干道的距离不应小于 80 m。各类小学的主要教学用房不应设在四层以上，各类中学的主要教学用房不应设在五层以上。教学楼长边相对时，间距应大于 25 m。

中小学校的体育用地应包括体操项目及武术项目用地、田径项目用地、球类用地和场地间的专用甬路等。设 400 m 环形跑道时，宜设 8 条直跑道。

中小学校应设置集中绿地，其宽度不应小于 8 m。

5.6.3　校园规划设计优秀案例欣赏

案例 1

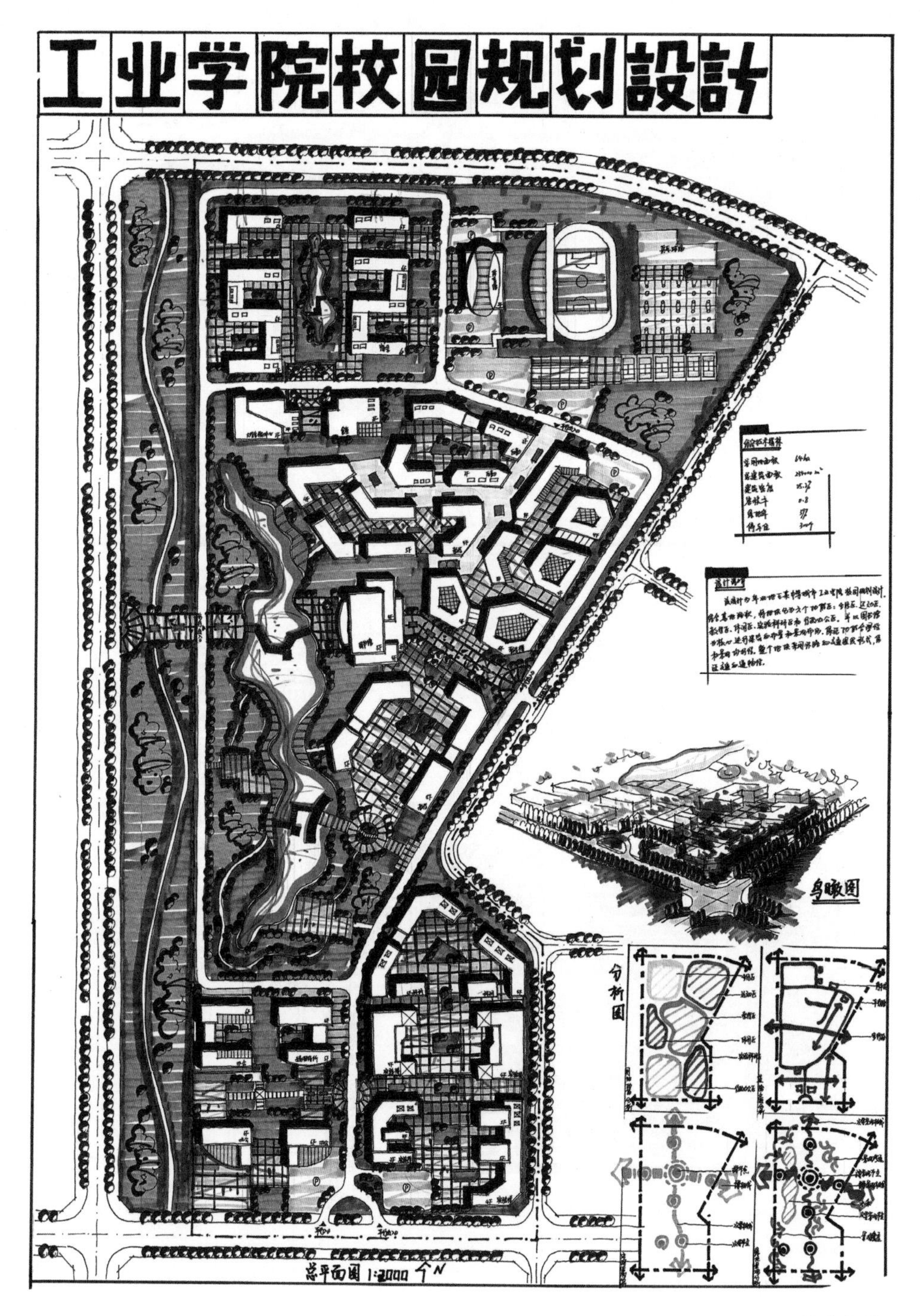

曾琪琪 绘

案例 2

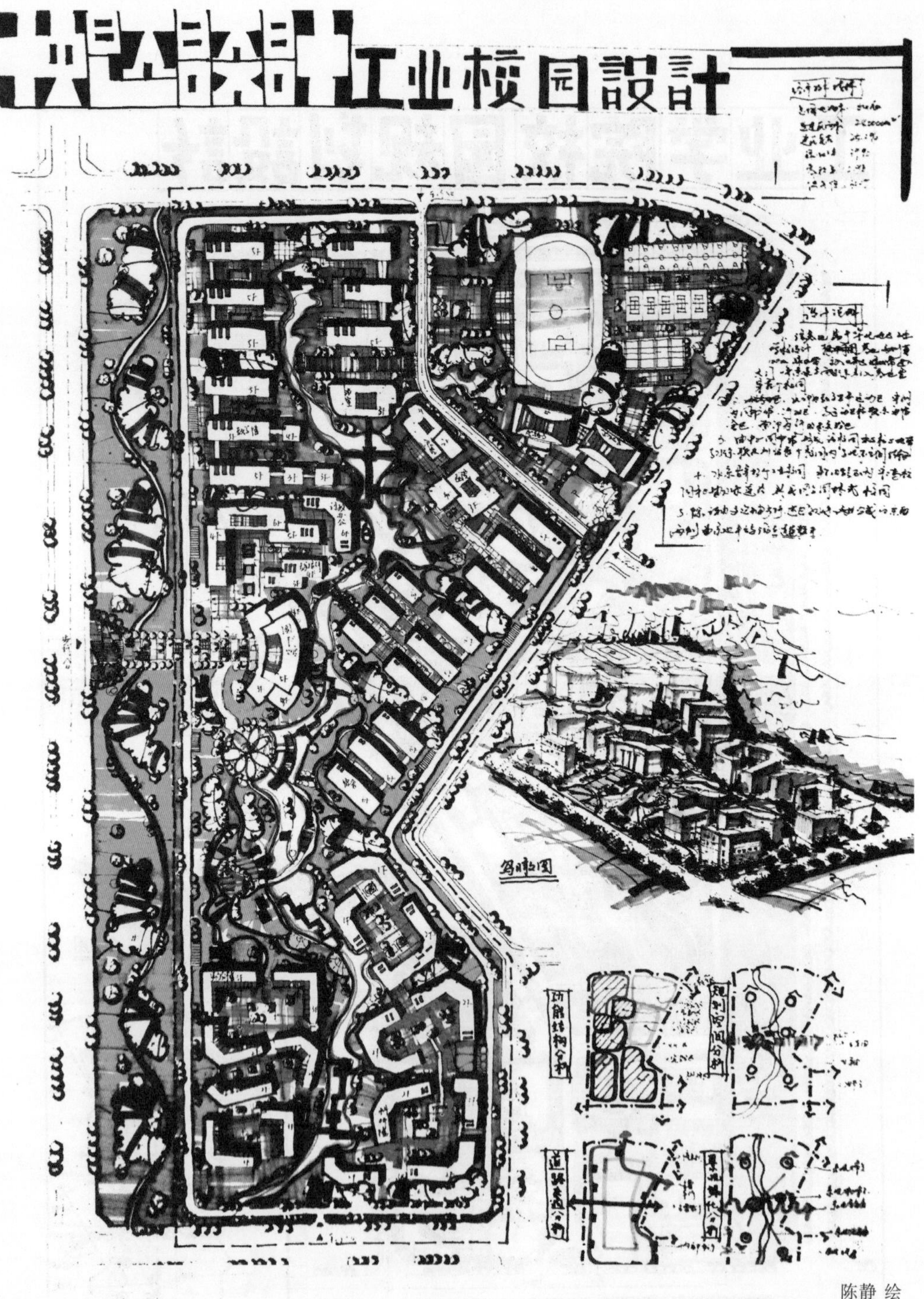

陈静 绘

案例 3

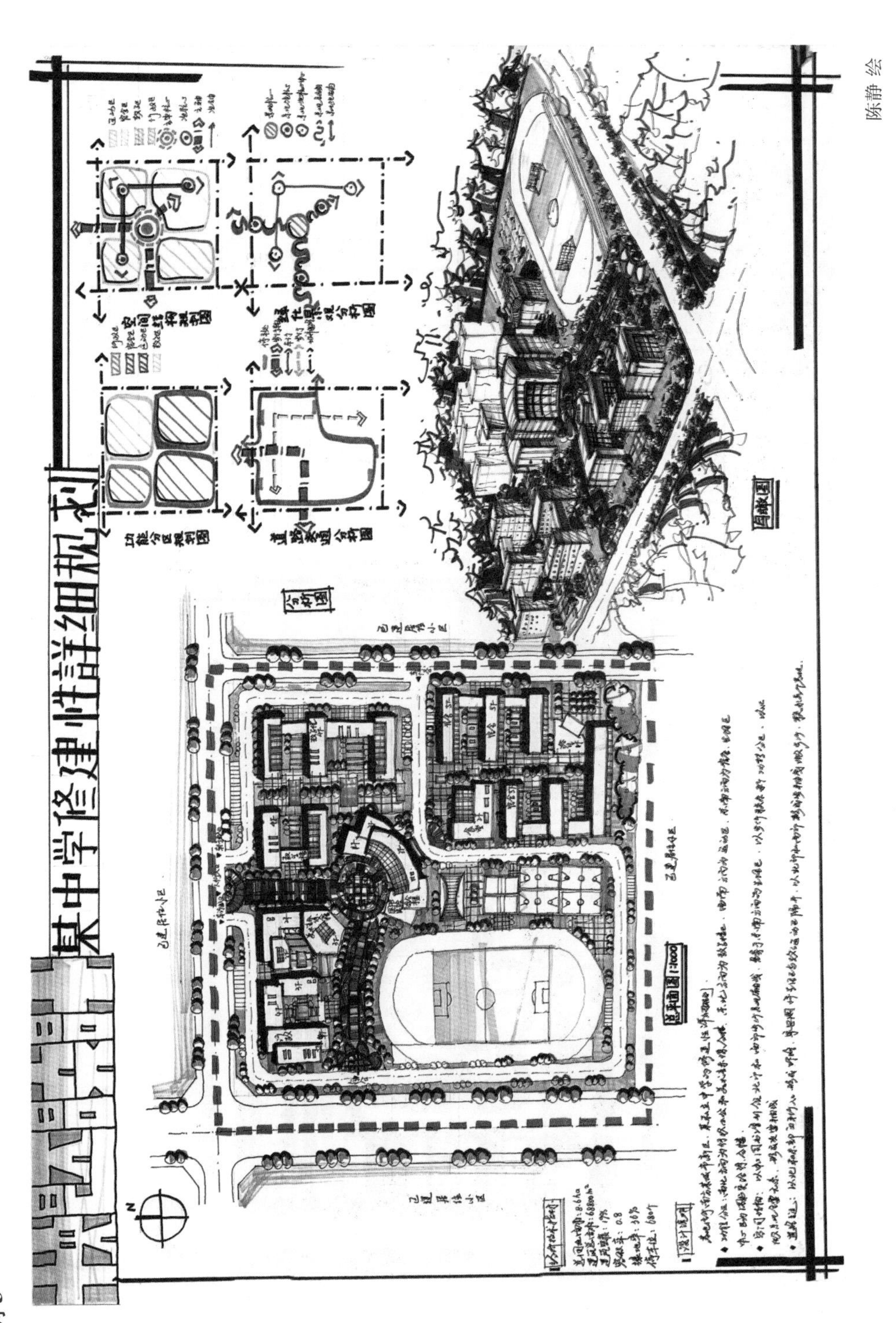

陈静 绘

案例 4

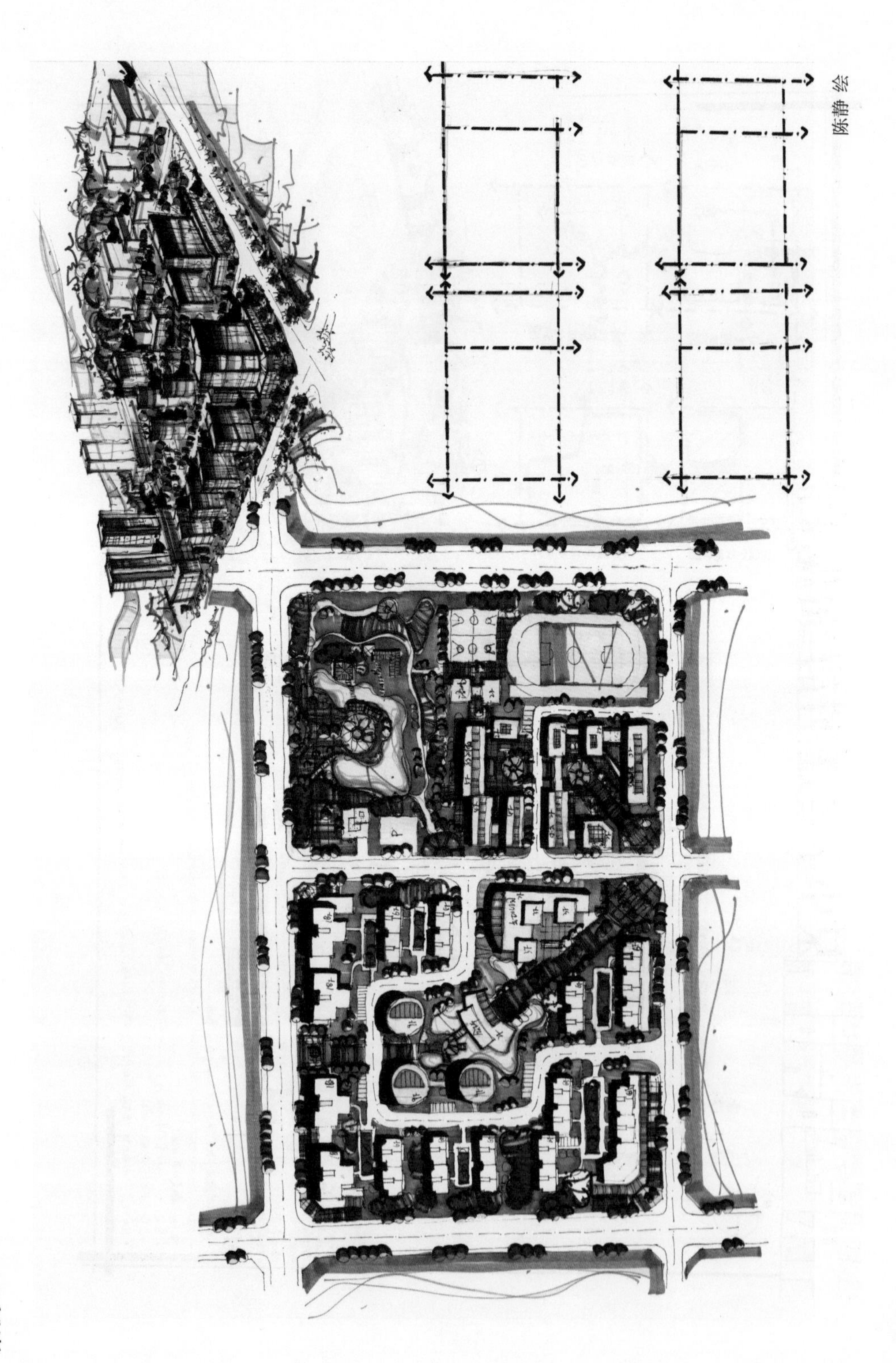

案例 5

大学校园规划設計

学院大道

总平面图 1:1000

分析图

道路交通分析图

功能分区分析图

景观绿化分析图

建筑结构分析图

设计说明

经济技术指标

鸟瞰图

陈静 绘

例题:任务书　某医学职业技术学院规划设计

一、基地条件

西南某城市旧城区内拟建一医学职业技术学院,园区规划用地为22.5 hm^2。地块四面临城市道路,东侧为城市主干道,其他三侧为城市次干路;内有一条20 m宽的河流在其中穿过。用地东侧为已建成制药厂,西北两面为商住用地,南面规划一公园和商业用地。用地现状较好,地势平坦。

根据建设内容和规划要求,提出功能布局合理、结构清晰、环境友好、形式活泼的医学职业技术学院规划设计方案。

二、规划设计内容及要求

1. 规划设计应按不同功能分区,分为教学区、实验区、行政区、运动体育区、学生生活区。
2. 建筑物规划区应体现医学职业技术教育的特色,与周边环境协调和谐。
3. 规划设计应至少考虑设置两个入口,结合校园周围地形地貌和城市道路特点,组织好校园内部的交通配置,并符合消防市政等规范要求。
4. 校园内部注意动静分区。
5. 学生宿舍日照间距系数为1.2。
6. 教学建筑面积15 000 m^2;行政楼面积5 000 m^2;图书馆面积8 000 m^2;实验楼面积5 000 m^2。
7. 体育运动场地和设施:400 m标准跑道田径场一个;篮球场10个;排球场10个;风雨操场按3 000人规模规划设计。
8. 学生宿舍面积35 000 m^2;学生教职工食堂按3 000人规模设置,满足1 500人同时用餐;生活服务用房和后勤服务用房及设施面积4 000 m^2;教工公寓面积15 000 m^2。
9. 同时设艺术活动中心及其他设施。

三、设计成果

1. 图纸尺寸为标准A1(841 mm×594 mm)大小。
2. 规划总平面图(1∶2 000)。

   要求标示出:

   (1) 建筑平面形态、层数、内容。

   (2) 人行、车行道路及停车场地。

   (3) 室外场地、绿地及环境布置。
3. 规划构思与分析图若干(功能结构和道路交通分析为必需)。
4. 整体鸟瞰或轴测图。

5. 简要文字说明(不超过 200 字)。

6. 主要技术经济指标。

四、考试时间:6 小时

五、附图

基地现状图

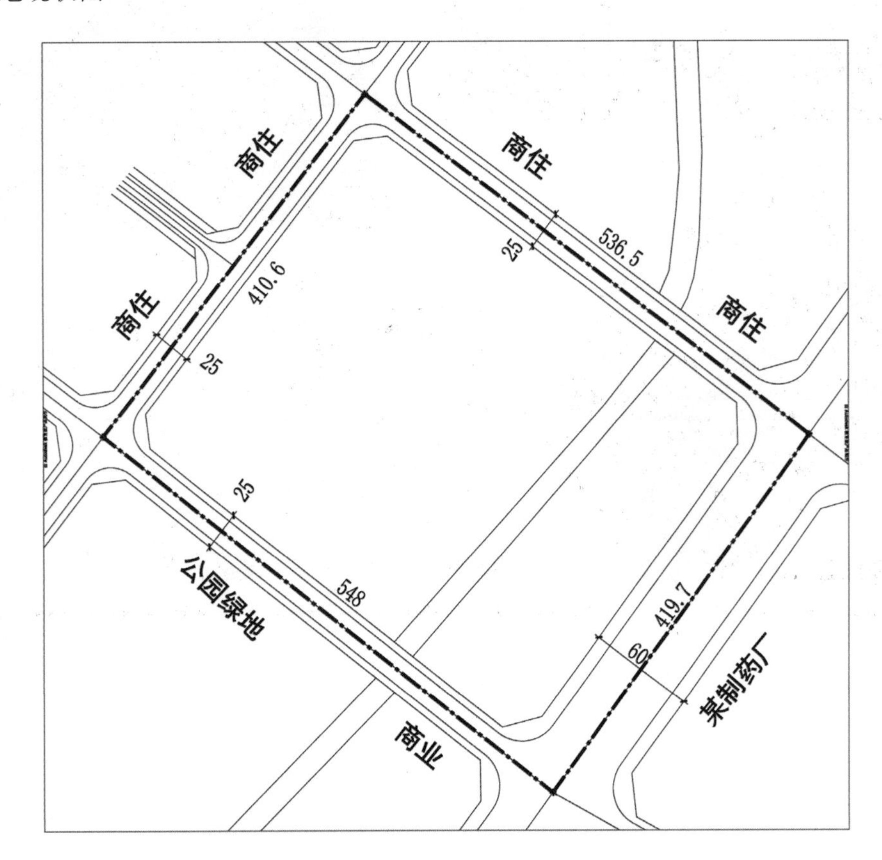

考题浅析

1. 根据用地周边的环境,合理安排各功能分区。
2. 规则地块的路网布局,可以考虑采用环形道路以实现各组团的可达性,同时合理组织地块内部的动、静交通。
3. 结合河流和地块外部的公园绿地合理组织景观系统;可考虑留出开敞空间廊道,加强水系的公共性。
4. 考虑体育设施的公共服务功能。
5. 注意题目中各项经济技术指标的设置。

优秀作品赏析

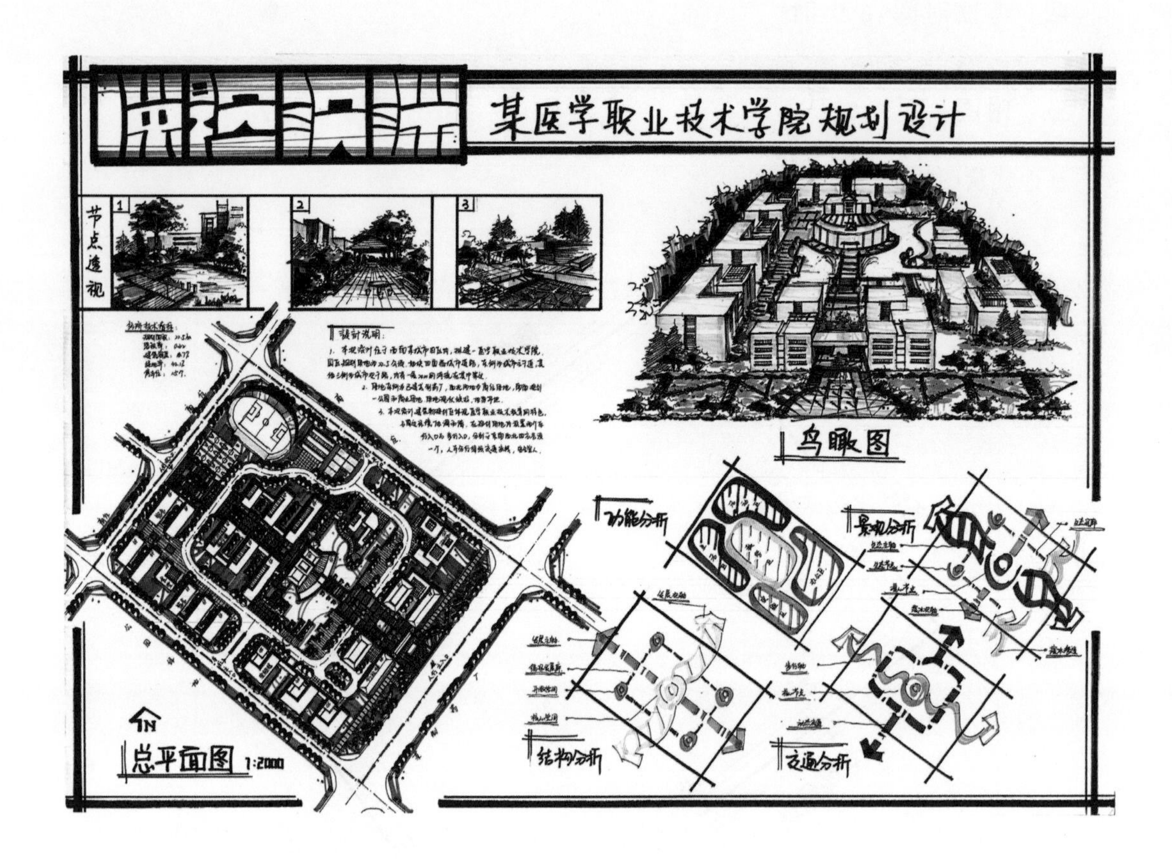

图纸大小	A1
表现方法	马克笔
考试时间	6 小时
作　　者	高庆华

点评

规划：规划分区明确合理，考虑到建筑摆放与地形的协调，将整体建筑偏转了 45°。采用内环式道路加十字步行轴解决道路交通问题，严格实行人车分流，实现近便且安全的交通目标，整个方案紧凑而有序。

规划出入口距离交叉口 70 m 以上，车道的净宽度不小于 4.0 m，环形消防车道有两处与其他车道连通，学校主要教学用房设置窗户的外墙与城市主干道的距离不小于 80 m。总平面布置包括建筑、体育场地、绿地、道路及广场、停车场等，相邻布置的各体育场地间预留了安全分隔设施的安装条件，符合国家现行规范。

表现：版面构图紧凑，色彩搭配协调，图面整体性强，鸟瞰图和局部效果图的表现十分出色，起到了画龙点睛的作用。

参考文献

[1] 李昊，周志菲. 城市规划快题考试手册[M]. 武汉：华中科技大学出版社，2011.
[2] 蔡鸿. 城市规划快速设计[M]. 南京：江苏科学技术出版社，2014.
[3] 乔杰，王莹. 城市规划快题设计与表达[M]. 北京：中国林业出版社，2013.
[4] 李昊. 城市规划快速设计图解[M]. 武汉：华中科技大学出版社，2016.
[5] 于一凡，周俭. 城市规划快题设计方法与表现[M]. 北京：机械工业出版社，2011.
[6] 王耀武，郭雁. 规划快题设计作品集[M]. 上海：同济大学出版社，2009.
[7]《城市居住区规划设计规范》(GB 50180—93)(2002 版).
[8]《住宅建筑规范》(GB 50368—2005)
[9]《城市道路交通规划设计规范》(GB 50220—95)
[10]《城市道路绿化规划与设计规范》(CJJ 75—97)
[11]《城市道路公共交通站、场、厂工程设计规范》(CJJ/T15—2011)
[12]《城市道路工程设计规范》(CJJ 37—2012)
[13]《建筑设计防火规范》(GB 50016—2014)
[14]《民用建筑设计通则》(GB 50352—2005)
[15]《交通客运站建筑设计规范》(JGJ/T 60—2012)
[16]《文化馆建筑设计规范》(JGJ/T 41—2014)
[17]《旅馆建筑设计规范》(JGJ 62—2014)
[18]《办公建筑设计规范》(JGJ 67—2006)
[19]《托儿所、幼儿园建筑设计规范》(JGJ 39—2016)
[20]《中小学校设计规范》(GB 50099—2011)
[21]《商店建筑设计规范》(JGJ 48—2014)
[22]《历史文化名城保护规划规范》(GB 50357—2005)
[23]《历史文化名城名镇名村保护条例》国务院令第 524 号
[24]《城市紫线管理办法》中华人民共和国建设部令第 119 号
[25]《城市黄线管理办法》中华人民共和国建设部令第 144 号
[26]《城市绿线管理办法》中华人民共和国建设部令第 112 号
[27]《城市蓝线管理办法》中华人民共和国建设部令第 145 号
[28]《乡村公共服务设施规划标准》(CECS 354—2013)
[29]《村庄整治技术规范》(GB 50445—2008)